超業筆記

銷售力就是你的免疫力

——鄭立德的銷售八講

作者◎鄭立德

♟ 推薦序①王儷凱老師

安麗寰宇團隊創辦人　皇冠大使

疫情後，大家都爭相談「免疫力」。健康的身體需要強大的免疫力，當然，銷售力，也需要學習和練習，才能成為業務人員的強大免疫力。

許多人害怕銷售人員，也恐懼成為銷售人員。

「害怕被推銷」是因為：怕買錯或買了不需要的東西、怕買了負擔不起的東西、怕買了之後可能後悔的東西⋯⋯

「害怕銷售」是因為：怕找不到銷售對象、怕被人拒絕、怕不知如何陳述、怕不知如何回答客人的問題、怕達不到業績、怕銷售的產品或服務有瑕疵，之後被購買者抱怨，甚至投訴⋯⋯

我從事：提升人們健康、思想教育、提供增進生活品質解決方案的銷售工作三十多年，演講、座談、一對一溝通的場次不計其數。我不是天生的銷售高手，但透過不斷的學習和練習，我已深知個中三昧。我每次的溝通、演講有 75% 都在銷售，銷售夢想、銷售人物⋯⋯

銷售是一種改變人的認知、觀念、想法的力量，讓不想參加一場活動的人參加活動，讓不想改變飲食習慣、生活習慣的人做出改變，結果是：讓他的健康獲得改善。

如果銷售是把好的方案（產品、服務），透過我稱職的溝通，讓客戶解決他的問題，甚至超乎他的預期，事後他還對我心懷感激，這樣的銷售是對社會有貢獻的。而我的貢獻越大，

我獲得的報酬越多，毋寧是理所當然，而且是心安理得，讓人樂此不疲的。但如果有好的解決方案，由於我沒有足夠的銷售能力，讓客人無法了解方案的利益，而與它失之交臂，那是不是我的遺憾，甚至是虧欠呢？

認識立德，不止欣賞他的人品，更佩服他的敬業。他二十多年來一直堅持在銷售、談判的領域，教學兼顧趣味與實用，他這本書包含了銷售的心靈、能力、技巧、工具，是他從事銷售實務、教學的心得，全部都是乾貨，我建議每個人都可以閱讀，提升我們的銷售能力、影響力、領導力，讓我們的業績更好，更有成就感、生命更有價值！

📌 推薦序②張慧雲老師

灣島薈教育菩提院創辦人

　　認識 Leader 老師是一個緣份。很少看見一個專業老師會這樣主動地親近市場，他的熱誠與動能感動到我，坦白說兩岸三地的優秀老師太多，獨獨台灣師資是一個搶手市場，但偏偏就有一種自以為是的餓狼心態！Leader 是自疫情以來，我看見求新求變、願意挑戰的好師資！「疫情」升溫，而「義情」能否昇華，也看老師的「情懷」所致！

　　本書是一本「活著的人」都需要的工具書，疫情促使催生賦能，無論是在行銷市場上的精英，甚至是居家的家庭主婦，都非常需要銷售談判和溝通的靈活運用！不咬文嚼字，更不會深不可測，所以相當鼓勵剛進職場的小白，或是資深業務菁英的重新學習！

　　銷售就是取決於人性！Leader 將個人經歷的人生筆記，做了完美的釋出及重點的記錄，可以說是：按表操課地實際演練即可。換句話說，這是一本毫無保留，不留餘地的超業能力「小抄」，值得推薦！

♟推薦序③楊琇惠董事長

前花旗銀行財富管理副理、前匯豐銀行資深副總裁、
阿爾發金融科技股份有限公司

　　如果「免疫力」是身體健康的重要關鍵，那「銷售力」應
該是每個人一生都該具備的能力！因為銷售力包含了：專業
力、溝通力、觀察力、說服力與影響力。不管我們人生扮演的
角色是甚麼，每天透過銷售「觀念」、銷售「意見」、銷售
「看法」等……來傳達個人的意念、主張與思維，相信看完這
本書後，你將會得到最好的答案！

　　過去 26 年，我曾服務過兩家知名外商銀行，也有幸見證
了台灣財富管理領域最精彩的黃金時期，從百家爭鳴的金融市
場中，見過許多業務員的心路點滴，也從五花八門的各式場合
中，遇過各領域的菁英好漢。其中，每每最出色而令人佩服的
角色，背後都具備了一種共同的超強吸引力，那就是「銷售
力」！為什麼這麼說呢？

　　記得有一次，我面試一位理財專員，我問她：「我們為什
麼要錄用妳？請提供妳個人與眾不同的優勢。」當時這位面試
者是這樣回答我的：

　　「楊副總裁您好！我剛剛進來貴行面試的時候，在等待
中，我看到了三個人。第一個人是門口接待人員，他溫暖而貼
心地服務每位客戶，即使客戶問題一直重複，他一樣不改微笑
表情，並且非常有耐心地回答，充分展現了優質服務的特質。
第二位是客戶服務人員，他接起了一通電話，似乎是在處理客
戶抱怨，當他接到這個抱怨，當下並沒有顯得不耐煩，反而很

有邏輯地把客戶的問題再釐清一遍，跟客戶確認後，就開始一一回答客戶的疑問，專業語氣加上能適時安撫客戶情緒，便成功地解決了這個客訴。第三位是一位理財專員，他剛剛接待一位理財規劃的客戶，談吐上他謙恭有禮，語氣上他不急不徐，看得出客戶非常專注地在聽，能充分感受到他的專業，最後他們起身握手後，客戶就離開了。報告副總裁，我就是那三個人的綜合體！我擁有他們所擁有的特質，相信我會成為最適合貴行的理財專員。」聽完這些話，我當下就決定錄取她，因為她就是我要找的人，她展現了無形的銷售力，最後讓我願意開心地「被銷售」！這位被錄取的理專，她所展現的態度和能力，剛好就符合本書中所提的重點：「服務＋銷售＝高績效的成功！」

　　過去的業務經驗讓我體會到，做一件事情的態度，就是做所有事情的態度。當一個人能將銷售精神轉化成為內心素質時，才能真正達到商道精神，這樣自然能將銷售展現於無形，即使過程難免艱辛，但最後結果定是必然。鄭立德老師是我所見過的專業講師中，很令人佩服的作者，看完這本超業筆記後，可以體會出他寫這本書的用心，能發現書中所整理出來的內容既完整又實用。我深信，這本超業筆記將可以成為市場上難得的一本銷售工具書。

　　請現在：

　　正想朝業務領域發揮的你～

　　正在業務道路上迷茫的你～

　　正想升級成為超級業務的你～

　　千萬不要錯過這本好書！

ᛝ 作者序

親愛的讀者，你好：

首先感謝也恭喜你翻到這一頁，代表我們有緣——「珍惜相聚時，難得有緣人。」

希望你可以用最短的時間，輕鬆有效率地把它讀完，而且千萬、一定、務必要落實在你的銷售工作上。這是一本結合理論和實務，讓你現學現賣，即學即用的「超業銷售筆記」，讀完不一定會成為超業，因為你可能經驗不足、專業不夠、做不到位、技巧不純熟、人脈不夠廣、或暫時運氣欠佳……但超業應該都是如同書中所寫的內容一樣，他們正向思考，百折不撓，日新又新，專業精進，認真努力地持續約訪、分享和銷售！

我是談判溝通超業培訓師—— Leader 鄭立德。我從事教育培訓，銷售輔導工作 20 年。無論當講師，或做業務，都要努力地把：產品、課程、觀念或理念銷售出去。有人說：「世界上最難的事，就是把我腦袋裡的想法，放進你的腦袋！」；而「世界上最遠的距離，就是從你的口袋，到我的口袋！」在進入這本超業筆記，展開「奇妙、有趣、豐富、創新」的銷售之旅前，我要先奉上成功銷售的十二字箴言，想做好銷售，你一定要做到，讓客戶：

1. 願意聽：打開客戶心門！（放心，本書會提供八把鑰匙給你去開門喔。）

2. 聽得懂：化繁為簡，Less is More！

3. 有興趣：抓住客戶眼球，展現你的銷售說服力！

4. 拿錢來：拒絕處理和成交技巧！

這四句話環環相扣，缺一不可，你可以好好咀嚼一下再出發！

我在「資訊工業策進會」（資策會）教授：「NLP 的成功銷售力」；在「台灣金融研訓院」開設：「客戶關係管理 & 業務銷售技巧」課程，同時也在「證券商業同業公會」（證券公會）講述「高資產客戶管理與行銷策略」課程。身為專業講師，我寫下一幅對聯，做為對自己從事教育培訓事業的期許：

上聯：好學好玩好有力——課程要容易學習，寓教於樂，兼具說服力，創造力和執行力。

下聯：有趣有用有條理——課程要「有趣」，學員才會開心學習；「有用」，學員才不虛此行，「有條理」，才能化繁為簡，運用得宜！

橫批：學以致用——「有用」，才有用！

「銷售」這件事，也是如此！

首先，你最好是個有趣的業務高手或顧問，銷售不是例行公事，只講產品和服務，你的內涵越廣，越豐富多元，個人特質越幽默風趣，客戶就越喜歡看到你，想跟你多聊聊，你的銷售機會自然就比別人多；

其次，你的產品或服務一定要對客戶有用有幫助，為他解決問題或帶來效益，因為你是這一行的專家，不問你問誰？

最後，你必須能把複雜的產品，簡單扼要地向客戶解釋說

明清楚，銷售才能順利進行，產品才好賣出去。無處不銷售、無時不銷售、無人不銷售、人人都可以是銷售高手。

我是專業講師，也是業務員。我講課，教銷售，也做業務。我的課程，就是我的產品和服務，學員就是我的客戶，我熱愛並相信我的產品和服務，絕對可以幫助學員（客戶）：專業精進，增加自信，解決問題，提升業績！那你呢？

做業務，你有滿滿的熱情和自信嗎？你真的很想成功銷售，業績輝煌嗎？你真的很想幫助自己，幫助客戶，讓彼此都擁有更好的生活嗎？重點是：你到底有多想？

有一次我在台南火車站旁的香格里拉大飯店，幫某家銀行年度績優的分行經理及理財專員上課。中午吃飯時，一位分行經理特別跑來跟我說：「老師，我已經連續四天沒睡好覺了，但今天聽完您的課，熱情滿滿，活力十足，充滿正向能量，我相信自己今晚一定能睡個好覺喔，非常感謝您！」隔天她傳簡訊跟我說，她昨晚真的睡好覺了，讓我好像有一種功德無量的感覺。其實我那天上課的主題是：「成功銷售力」！看來似乎跟「睡個好覺」沒太大關係，但上過我課的學員都知道，「樂活」是我做培訓的核心價值，無論談判，溝通，服務，或銷售課程，我都希望大家能夠多些正念，少些抱怨，尊重別人，看重自己，就算面對無數的挫折，困難，拒絕和挑戰，也要「快樂工作，努力生活，長懷感謝心和被討厭的勇氣」！

我對自己做教育培訓的期許——「樂學八度」，其實也非常適用於超業的養成及自律，無論做為頂尖講師或是銷售超業，都應該致力於提升自己的：

1. 深度：你的內涵夠不夠？專業強不強？能否讓學員或客

戶信服？

2. 廣度：你的專業涉獵範圍夠不夠廣？能否舉一反三，觸類旁通？

3. 高度：你有沒有站在更高的點來綜觀全局，發現學員的弱點或客戶的需求，進而提出建議或解決方案？

4. 適度：這堂課適不適合學員現況的學習需求？這產品有沒有符合客戶目前的最大利益？能否用難易適中的方式或說法教會他，讓他懂，而且有種立刻想要改變或購買的感覺？能否用最適宜的速度去引導對方，不快不慢，不偏不倚，正中對方心裡所想，讓雙方都覺得輕鬆自在？

5. 熱度：無論講師或業務員，一定要帶著熱情去面對你的學員和客戶，「熱情」所代表的，不只是親和感，吸引力或感染力，更是一種銷售的自信和力量，

6. 樂度：你能否讓學員或客戶一邊聽你講，而且不時露出微笑甚至是大笑？這年頭疫情未定，景氣不明，大家都被困在原地，宅在家裡，「寶寶有苦，但寶寶說不出。」此時此刻，一個能為別人帶來正向愉悅心情和氣氛的講師或業務，必然更受人歡迎，對吧？問問自己：是不是客戶心中的「歡樂發電機」？

7. 亮度：無論看到，聽到，感覺到，你的課程或產品有沒有，能不能抓住聽眾或客戶眼球？有沒有專屬於你的「黃金三句話」，能觸動人心，進而打開對方的心門或心防？

8. 溫度：莫忘初心，同理傾聽，多些關懷，有效溝通！不僅推廣銷售你的課程或產品，同時也要專注於感同身受的優質服務，做個既專業，又努力，有溫度和人情味的業務員，在5G和機器人盛行的現在和未來，將是你成為超業，銷售成功

勝出的不二法門。

完成這本書，首先要感謝城邦出版集團「布克文化」，具有近 30 年出版經驗的賈總編，感謝他的專業和獨到見解，從第一次見面就相信我的講師專業和寫作實力，展現高度誠意，願意幫我出書。於 2019 年九月出版我的第一本書：《談判力，就是你的超能力》，並在當年年底就開始跟我邀約出第二本書。2020 年遇到新冠肺炎疫情，我在「城邦自慢塾」出了線上音頻課──「洞悉人性的雙贏溝通術」；本想寫第二本談判書：《談判力，就是你的免疫力》，但總編誠心建議我：「鄭老師，第一本談判書已經寫得很好了，第二本書也許可以換個主題來分享，幫助更多人。」於是我將過去 20 年，自己做業務、教人做業務、帶人做業務、或看別人做業務的學習和成長經驗，從 3 小時到 3 整天的銷售課程內容菁華，濃縮彙整成這一本超業筆記──《銷售力，就是你的免疫力》。寶典未必每天看，筆記可以隨時翻，幫助你即學即用，現學現賣──銷售，無所不在！

這本書，獻給已經是超業的你，用心咀嚼它，你將會心一笑：「沒錯，就是這樣！」

這本書，寫給目前正準備做業務，或還是一般業務的你，讀完它，將縮短你和超業的距離，並體會：「喔，原來是這樣！」；

這本書，送給目前不做業務，或一向不喜歡做業務的你，看完若驚覺自己被現在的工作耽誤了，要轉行做業務，請考慮七天後再做決定。一旦決定了，就要馬上行動，對人生負責，

向未來許願，為自己出征！

　　同時，也要感謝 220 位我心目中的超業，熱情地回覆我為這本書所製作的：「超業 DNA」問卷調查。熱心助人，專業有效率——你們不愧是「超業」！

　　還要特別感謝接受我專訪，來自：汽車銷售業、不動產業、保險業、和直銷業的五位頂尖超業，專注、認真、無保留地為我這本「超業筆記」增添更多真實，價值與風采，呼應並驗證我書裡所寫的，就是你們多年來每天都在使用的「超業絕學」！這本書不是寫什麼大道理。真正的「超業大啟發」，是來自於日常生活中，每一個真誠，溫暖，專業，關懷，感動，認真，助人助己，堅持不放棄的「銷售小故事」！

　　最後，要感謝一直支持我，鼓勵我的家人，好友和學員們。特別要獻給我那位被「國文老師」耽誤的老媽，她非常具有超業的特質：除了上一本書的自序中提到她具備議價的「談判超能力」之外；到哪裡都能熱情主動地跟別人開心聊天，很快地了解對方的狀況，就像認識多年的朋友，這一點，我覺得真的很難學，天賦很重要！除此之外，在好友圈裡，她也是一呼百諾，相當具有影響力的國中退休老師。不增員她來做銷售，實在太可惜！

　　這本「超業筆記」，要送給今年剛滿五歲的兒子辰辰。他常追問我：「第二本書何時寫完？」他是督促我堅持奮鬥的重要動力。

　　這本書，誠心為您而寫。延續上一本《談判力，就是你的超能力》自序：

人爭一口氣，花香蝶自來；

向著陽光走，希望永遠在！

經驗樂傳承，銷售接談判；

助人又助己，牛年好運來！

今年是金牛年，願你隨時培養自己的正向銷售力，助人助己，牛轉奇績（業績＆成績)，勇往前行，牛年行大運！牛轉錢坤，犇向更幸福圓滿的銷售人生。

CONTENT

目錄

❖ 推薦序①王儷凱老師 / 3

❖ 推薦序②張慧雲老師 / 5

❖ 推薦序③楊琇惠董事長 / 6

❖ 作者序 / 8

❖ 前 言 / 19

❖《Leader's 超業 DNA 線上問卷調查報告》/ 24

第一講 ・29

New Life Power（NLP的成功銷售力）

❖ 正向思考，四輪傳動的「樂活新人生」/ 30

❖ 數位轉型的「成功銷售輪」/ 48

❖ 銷售心態的正向能量 / 54

第二講 · 61

提高層次，使命必達的「目標設定法」

❖用「框架」發掘並抓住客戶的真正需求 /62

❖「從屬等級」的自我目標探索 /71

❖漏斗定律 /78

❖目標設定的「正念 12 問」/80

❖「2021・牛轉奇績」──圓滿人生的四大象限！/83

第三講 · 87

知彼知己，DISCovery──
DISC的「聰明識人術」與「成功銷售力」

❖常見人格特質分析的工具 /88

❖DISC 的五大動物性格分析 /96

❖DISC 的「銷售與服務之道」/106

第四講 · 115

如何打開客戶的心門

❖打開客戶心門的 8 把鑰匙 /116

❖建立親和＆提升自信──一笑解千愁 /117

❖將心比心，同理傾聽──客訴處理的「倚天劍」
  與「屠龍刀」/120

❖「問」出好關係，「做」出好業績 / 130

第五講　・ 141

成功銷售語言的魅力
❖ 銷售穿透力——產品解析的「FB」/ 142

❖ 抓眼球，設心錨的創意行銷術 / 148

❖ 拒絕後的成交術——從 No 到 Yes 的神奇銷售魔法 / 152

第六講　・ 163

客戶關係管理 & 高資產客戶經營
❖ 何謂「客戶關係管理」或「客戶深化經營」？/ 164

❖ 高資產客戶的經營與行銷策略 / 171

❖ 人生八有（友）——如何提升你的「感動服務力」？/ 176

第七講　・ 185

「中庸之道」的五大修練 &
「吸引力法則」的三個秘密
❖ 中庸銷售力：博學，審問，慎思，明辨，篤行 / 186

❖ 吸引力法則：許願，觀想，感恩 / 188

第八講 · 195

超業專訪：它山之石，可以攻錯——
向高手致敬！

❖《超業專訪》汽車銷售天后——車神娜娜 / 196

❖《超業專訪》商用不動產銷售天后——呂佳紋 / 201

❖《超業專訪》MDRT（保險百萬圓桌會員），南山人壽「高資會」——黃佳玫 / 205

❖《超業專訪》2019 亞洲信譽壽險業顧問獎得主——劉珈君 / 207

❖《超業專訪》32 年的安麗鑽石直系直銷商——陳惠燕 / 210

❖ 挨家挨戶，永不放棄——身殘心不殘的銷售之神：比爾波特 / 214

❖ 結語 / 217

➤ 銷售，無所不在！

➤「會」不是重點，「用」才是王道！

➤ 後疫時代，人人都要具備的「銷售免疫力」！

➤ 我賣的不是產品：是價值，服務，成長和夢想！

➤「東西」不是貴不貴？而是值不值？

➤「值得」最珍貴，「無效」才最貴！

➤ 處處是銷售，人人能開口！時時會銷售，人生大樂活！

➤ 做業務的你要看，不做業務的你更要看：

　✓ 如何找到好的業務員來幫助你？

　✓ 如何拒絕差的業務員來打擾你？

　✓ 如何轉身做業務，晉升為超業？

➤ 人人都能是超業──只要找到銷售點！

➤ 不是問你能不能，而是看你要不要！

➤ 讓客戶說 Yes 的有效溝通術！

➤ 從開場到分享，從拒絕到成交──NLP 的成功銷售力！

➤ DISC 的銷售與服務──知彼知己的「客戶關係管理」！

➤「中庸」銷售力──博學，審問，慎思，明辨，篤行！

➤ 扭轉奇績的三大銷售秘密！

無論是 1999 年的「九二一大地震」，2002 年的「SARS」，2008 年的「金融大海嘯」，或是 2020 年的「新冠肺炎疫

情」……所有的災難都提醒我們——活著，不容易；活著，真好；既然能活著，就要好好活；你是活著，還是活過？

後疫時代～免疫力，就是你的競爭力！那什麼是「免疫力」（immunity）呢？

➤同一個場所，有人被病毒傳染，也有人安然無恙，這是「**身體狀態**」的免疫力。

➤同樣封城隔離，有人一年不愁生活，有人一週就手頭拮据，這是「**財務規劃**」的免疫力。

➤同樣的問題和災難，有人積極解決不抱怨，有人怨天怨地怪別人，這是「**心理素質**」的免疫力。

➤同樣關在家裡，有人讀書、學習、運動、開視訊會議、做線上學習；有人看電視、打電動、吃喝睡覺，終日無所事事，這是「**學習成長**」的免疫力。

要戰勝困境，我們必須提升各種免疫力。

「免疫」分為先天和後天，「先天」指的是：體質和健康狀態；「後天」則是疫苗。

「銷售」也分為先天和後天，「先天」指的是：銷售的性格、心態和價值觀；「後天」則包括了：銷售技巧，話術，方法與策略。寫這本「超業筆記」要告訴大家：「活著，就有希望！」做銷售，只要能拜訪，肯拜訪，會拜訪，總有銷售成功的一天！這世界每天都在改變，大小環境充滿著挑戰與困難，不用害怕太多競爭者，要擔心的是：你有沒有「競爭力」？要成為超業，先問問自己：你總是保持「**贏家的心態**」嗎？

☆贏家總是努力找到答案，繼續向前行！

輸家總是不斷丟出問題，經常往後退。

☆贏家總有用不完的熱情和活力！

　輸家總有說不完的理由和藉口。

☆贏家總是說：「讓我來幫你，我非常樂意」！

　輸家總是說：「你去找別人，這不關我事」。

☆贏家總在失望中看到機會！

　輸家總在機會中看到失望。

☆贏家總在問題中看到答案！

　輸家總在答案中看到問題。

☆贏家總在黑暗中看到光明！

　輸家總在綠地旁看到烏雲。

☆贏家會說「那也許很難，但我一定可以！」

　輸家會說「那也許可行，但我覺得好難。」

☆贏家是先相信，然後看到！

　輸家就算看到，都不相信。

　親愛的讀者：你想當贏家？還是做輸家？（Are you a Winner or a Loser？）

　除了保有贏家的心態，超業還必須具備《四千》精神和《八要》原則：

超業的「四千精神」

　1. 歷經千辛萬苦！（持續的拜訪，分享，學習，成長——加上無數次的「被拒絕」。）

　2. 想盡千方百計！（用腦，用心，說故事，有創意——真感情才有真感動。）

　3. 說盡千言萬語！（關鍵開場白＋問個好問題＋銷售穿透

力＋拒絕處理＝締結成功率。）

4. 走遍千山萬水！（銷售無涯，唯勤是岸。無論線上線下，虛實整合，別等了，快去拜訪客戶吧！）

超業的「銷售八要」

1. 臉要笑——經常微笑，笑口常開，人人見了樂開懷！

2. 嘴要甜——口說好話，常與別人結善緣！

3. 眼要亮——罩子放亮，察言觀色，無入而不自得！

4. 耳要淨——洗耳恭聽，專心聽，用心聽，聽到客戶想說，說到客戶想聽！

5. 腰要軟——放下身段，不計較才是幸福的人；要沉得住氣（修養），彎得下腰（勇氣），抬得起頭（自信）！

「彎得下腰是成熟，放得下身段是高手！」多年前剛進國泰人壽做業務，當業務主管時，記得總經理期勉大家:「我們做保險的人，不是要丟掉你的面子和尊嚴，而是放下你的身段和執念，去幫助更多的人。」這段話讓當時年輕的我，在每一次的保險銷售中，都更具備信心和勇氣！

6. 手要快——這不是「大魚吃小魚」的年代，而是「快魚吃慢魚」的時代！天下武功，唯快不破！現在是 **5G** 打 **4G**，萬物皆聯網，虛實整合的 Fintech 時代。

快不等於急，而是代表：你的認真與投入，積極與效率！

7. 腳要勤——把握時間，分分秒秒不錯過每一次的銷售機會。在這個虛實整合的「後疫時代」，拜訪客戶不一定要見面，用電腦或手機視訊，一樣可以「勤」於拜訪！

8. 心要強——運動選手比賽時心理素質要夠強，才能戰勝

自己，打敗對手，不斷突破，超越顛峰。

「超業」也是如此，從無數次的拒絕，挫折，失望，挑戰，甚至在自我懷疑中蛻變成長到：無畏無懼，欣然接受，甘之如貽，反敗為勝。成功的路上並不擁擠，因為能堅持下來的人很少：**「剩者為王」——相信，努力，堅持，自在——你的心有多強大，你的銷售業績就有多大！**

這本「超業筆記」蘊含著我過去 20 多年的銷售實務經驗及課程精華要點，包括：「NLP 的成功銷售力」、「DISC 的聰明識人術」、「客戶關係管理及深化經營」、「高資產客戶的經營與行銷策略」、「秘密——吸引力法則」等課程，還有許多頂尖超業好友熱情的寶貴銷售經驗和故事分享。

我想表達的，不只是銷售技巧，方法或話術，更是銷售心態和銷售核心價值，這是一本講述超業銷售內功心法與修練的「銷售易筋經」，也是說明超業銷售技巧與方法的「銷售獨孤九劍」，能培養你的「正向銷售力」，鍛鍊你的「銷售超能力」！

📌《Leader's 超業 DNA 線上問卷調查報告》

Leader's 超業 DNA 問卷調查

您好：收到這份問卷，代表您不只是好朋友，也是我心目中的超業！Leader 的第二本書，要寫「銷售」這件事！誠心邀請您幫我完成這份問卷，使我的新書更具真實精彩可看性。讓我們一起幫助更多想從事業務銷售的人～精進專業，超越巔峰，明天會更好！真心感謝您～

力得企管 😊 樂活學堂

　　為了讓這本「超業筆記」更具有參考價值及實用性，我特別設計了一份包含六個精準扼要題目的問卷，運用線上的 google 表單，訪問了 220 位超業。

　　讓我們來看看這份問卷結果的圖表分析：

1. 您認為自己是：善於轉念，換框，正向思考的人嗎？ *

　　□ 一直是
　　□ 經常是
　　□ 偶爾是
　　□ 不大是
　　□ 從不是
　　□ 其他

＊ 93.1% 的超業，一直（54.5%）或經常（38.6%）是善於轉念，換框，正向思考的人。

2. 您做業務銷售最大的三個動力是 ？ *

　　□ 提早財務自由
　　□ 追求自我實現

□ 滿足成就感

□ 能夠幫助人

□ 被大家肯定

□ 愛好競爭與挑戰

□ 創記錄或破記錄

□ 早點享受退休生活

□ 讓家人能過更好的生活

□ 生活壓力逼迫

□ 其他：

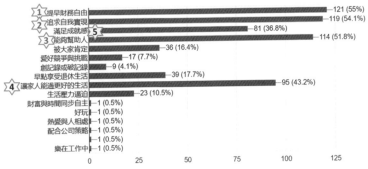

﹡促使超業堅持奮鬥，努力不懈，發揮潛能，超越顛峰的三大動力是：

「提早財務自由」（55%），「追求自我實現」（54.1%），和「能夠幫助人」（51.8%）。

當然，還是有人「為生活壓力所迫」，要繳房貸，要養小孩。無論如何，一定要找到你做業務銷售的動力，不管是為了賺錢，為了排名，為了家人，為了夥伴，為了助人，為了自我實現，或是為了傳承……

找到動能，成就一生！

3. 以下 12 個特質或能力,您認為「超業」應具備最重要的三個條件是: *

☐ 正向信念　　　　　　☐ 感動服務力

☐ 知彼知己　　　　　　☐ 深具說服力

☐ 關鍵開場　　　　　　☐ 深具親和力

☐ 目標設定　　　　　　☐ 強大企圖心

☐ 問好問題　　　　　　☐ 堅定意志力

☐ 同理傾聽　　　　　　☐ 其他:

☐ 拒絕處理

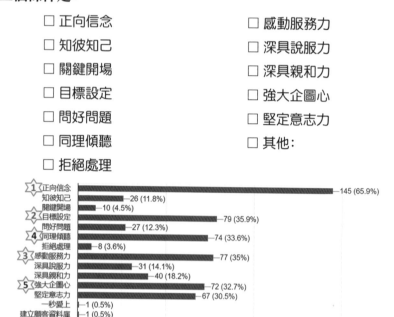

✻ 超業必須時時保有正向信念(65.9%),正確有效地設定目標(35.9%),並做好服務讓客戶感動(35%),覺得物超所值,喜出望外。

4. 您認為「服務」帶動「銷售」的比重大約是: *

☐ 0 %

☐ 20% 以下

☐ 20%～40%

☐ 40%～60%

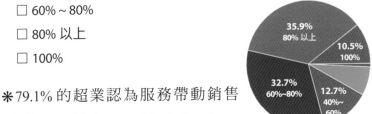

- □ 60% ~ 80%
- □ 80% 以上
- □ 100%

＊79.1% 的超業認為服務帶動銷售的比重佔 60% 以上，Double S: Service + Sales ——有服務才有銷售，相輔相成，缺一不可！

5. 以下 12 個特質或能力，您覺得「理想的服務」應具備最重要的三個條件是：*

□ 正向思考	□ 耐心細心
□ 熱情微笑	□ 友善態度
□ 有親和力	□ 精準到位
□ 溝通技巧	□ 積極有效率
□ 同理傾聽	□ 衷心感謝
□ 知彼知己	□ 其他：
□ 問題解決	

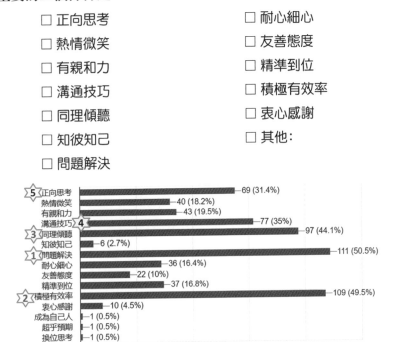

＊最理想的服務，要能解決問題（50.5%），積極有效率（49.5%），並且能夠做到同理傾聽（44.1%）。客戶的問題未必

都能解決，保持平常心，將心比心展現誠意；勿過度承諾，要盡力而為——能解決就努力解決，不能解決要委婉陳述，讓客戶看見你的專業，認真與誠意——豈能盡如人意，但求無愧我心。

6. 您從事業務銷售工作的年資？ *

☐ 3 年以下
☐ 3 年～5 年
☐ 5 年～10 年
☐ 10 年～15 年
☐ 15 年～20 年
☐ 20 年～25 年
☐ 25 年以上

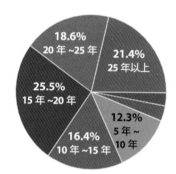

　＊填寫本次問卷的 220 位超業，年資 10 年以上的就佔了約 82%！雖說「英雄出少年」，但「薑——還是老的辣！」經驗和智慧，往往伴隨著歲月而累積。精進專業，追求卓越，認真努力，永不放棄，是成就超業公開的秘密。但究竟是知易行難？還是知難行易？就看你的夢想和願景有多大？毅力和決心有多強？

　準備好跟我一起進入與眾不同，成就不凡——超業的「銷售心世界」嗎？Let's Go ——

第一講

New Life Power
（NLP的成功銷售力）

♟ 正向思考，四輪傳動的「樂活新人生」

　　天津的「大悲禪寺」門口正中央有一塊匾額，上面寫著四個大字，我常會請學員猜猜看，是哪四個大字？大家猜的不外乎是：「我佛慈悲」，「紫氣東來」，「笑口常開」，「助人為善」……甚至還有人說：「整修中」。答案揭曉：「來此做甚？」這四個字放在寺廟門口，有很高的意境。試想，人生這一趟，你為何而來？人們來廟裡燒香拜拜，許願還願，求的是什麼？不外乎事業，工作，家庭，學業。就算問婚姻，也大致分為兩種情況：一種是問：「怎樣才能在一起？」或「在一起好不好？」，另一種則是問：「怎樣才能不要在一起？」，「如何做到好聚好散？」

　　人的一生有很多課題要學，要修，要想通。「人生一次遊，煩事不久留！」但真正能做到的，又有幾個？人生有三覺：

　　第一個是：「**覺得**」──主觀上的感覺，意識或認為。

　　「我覺得不行」；「我覺得可以」；「我覺得錢不夠用」；「我覺得我太胖（瘦）了」；「我覺得充滿希望」；「我覺得這裡很有商機」；「我覺得精神飽滿，充滿鬥志」；「我覺得有點累」；「我覺得心力交瘁」；「我覺得自己還撐得住」；「我覺得快掛了」；「我覺得很開心」；「我覺得很難過」；「我覺得客戶很難搞」；「我覺得做業務很難很辛苦」……

　　第二個是：「**覺察**」──發覺；察知。

　　心理學家榮格說：「你沒有覺察到的事，就會變成你的命運。」

　　覺察自己 BMI（身體質量指數）超標；血糖或血壓爆表；

覺察跑完十公里，比以前更喘，腳更疼，膝蓋更酸，超出之前的忍受範圍；覺察準客戶有購買的動機和意願；覺察老客戶對我的態度有改變，發現他正在和我的競爭對手洽談，有轉單的可能；覺察另一半變得很冷漠，沒話說；覺察孩子長大了，不再什麼都要聽你的……每天，都要有所覺察！

下棋的高手大多都會「覆盤」，意思是：「在對弈結束後，雙方將對弈過程中的所有落子按順序重擺一次，並互相討論、精進棋藝」，這也是一種覺察的方式。

最後一個是：「**覺醒**」——覺悟；醒悟。

覺得、覺察、覺醒！你是哪一覺？今天檢討，明天更好，你能否做到？

沒有覺醒，不會行動；沒有行動，只是做夢！

改變的力量，來自於「人生三覺」：先有覺得——再來覺察——進而覺醒，才能有所改變，追求你的夢想，成就你的事業，圓滿你的人生。若無覺醒，最終只能「覺悟」，徒留嘆息與遺憾。「改變」不容易，需要：「覺醒，熱情和持續行動」。每天進步 1%，1 年後將比現在強 37 倍——這是日本樂天株式會社社長——三木谷浩史，用來督促自己的公式。簡單的公式如下：

$1.01^{365}=37.8$

$0.99^{365}=0.03$

每天進步 1% 或退步 1%（one more ounce），都由自己決定！中文很有意思，你是在睡「覺」？還是能「覺」醒？裝睡的人叫不醒，對吧？

第一次在資策會開課「NLP 的成功銷售力」，一位學員一開始就舉手發問：「老師，其實你不用講那麼多，你只要教我：「一分鐘讀心術」或「三分鐘成交術」就夠了！」當下我就指著教室大門，誠心建議他去退費。顯然我的銷售課程，無法滿足他的需求。我只能用整天七小時的課程，幫助學員了解：神經語言學（NLP）的重點精華，**並且如何連結在銷售工作上，提升成功銷售力！**

　　我常問學員：「天下武功」後面接哪四個字？如果你的答案是「唯快不破」，也許我們都是周星馳迷。在電影「功夫」中有提到：「天下武功，唯快不破」。請問我們出來江湖行走，在銷售市場上，每天都在跟誰賽跑比快呢？跟客戶，跟對手，跟老闆，跟時間，跟總體經濟，跟大環境，跟流行，跟趨勢，跟疫情……最重要的是：「跟自己賽跑！」曾經有一位學員表示：「他跟昨天的自己賽跑。」讓人不禁肅然起敬！其實我真正要說的是：「天下武功，盡出少林」。

　　這意思是：做為業務人員，你應該聽過無數次的銷售課程，或成功經驗講座分享，內容大同小異。不外乎是：主講者在漫漫銷售路上，具有強大的銷售企圖心和動力，堅毅的銷售心態和素質，越挫越勇，百折不撓的（血淚）奮鬥史；或是最初不被看好，但憑著個人獨到的銷售技巧，商業模式，優良產品和到位服務，最終開低走高，攀上銷售人生高峰的輝煌成功史；再加上 6~10 個不等的銷售循環圖，包括：關鍵開場——問句行銷——發掘需求——產品解說——締結成交——拒絕處理——尋求轉介等等。重點是：老師講的內容有沒有真正打動你，讓

你很想現在、馬上、立刻就去拜訪客戶，驗證今天學到的所有銷售心法和技能，幫客戶解決問題，並有效地處理客戶的反對問題，最終簽單成功，完成致勝銷售！

　　讓我們來看看什麼是 NLP（神經語言學）？它跟「**銷售**」或「**成就超業**」有什麼關係？簡單地說：人們藉由五感（視，聽，味，觸，嗅覺）去接觸、感應（看到，聽到，感覺到）這個世界，進而形成主觀意識，內心想法，和人生（感觀）經驗，藉由：文字語言，聲音語調，面部表情或肢體動作，表達想法或看法，與他人溝通或分享。這就是 NLP（Neuro 神經 —— Linguistic 語言 —— Programming 學）的基本概念。

　　➤ Neuro（神經）——大腦神經系統的日常運作。

　　➤ Linguistic（語言）——言有盡而意無窮！透過語言表達或問話方式，接近對方內心世界，瞭解對方想法，或事情真相。

　　➤ Programming（學）——無須刻意使用，就會自動執行，日常習慣的既定程式或模式。譬如：倒車入庫、早睡早起、刷牙洗臉等，我們要努力把好的留下，壞的去除！不好的 P 就像電腦中毒，會影響到你的工作、生活、和人際關係。譬如說：恐慌症、沉迷網咖、喜歡打線上遊戲、上癮症、賭博、負面的語助詞、酗酒、先入為主的刻板印象等……小時候爸媽耳提面命，叮嚀提醒：「陌生人很危險」，長大後因為這樣的想法，不易與人親近；或在銷售時有心理障礙，只做原顧（原有熟悉的客戶），不容易開發陌生客戶，甚至就因為這句話，錯過了適婚年齡找對象的機會，因為——「陌生人都很危險」！

　　NLP 也可以解釋為：New Life Power ——「嶄新人生的力

量」——希望藉由本書所提及「NLP 成功銷售力」的正向思考，堅定信念，以及銷售的心法和技法，為所有超業或準超業帶來正向的力量與能量，幫助您戰勝自己的心魔，改變不合時宜的想法或做法，因地制宜突破銷售困難的瓶頸與盲點，助人助己，創造高業績。

　　NLP 是一套大腦操作手冊，結合了：溝通大師，完形治療（身心一致，相互影響），家族治療（原生家庭對個人想法或行為的影響），和催眠治療（潛意識的力量），教導我們如何模仿卓越。簡單地說：

✓ NLP 是一套原理、信念，方法，技巧和工具！

✓ 它是一把啟發心靈智慧的鑰匙，是一顆正向思考的種子！

✓ 它的建構核心為：心理學、神經學、語言學和人類的五感與覺知！

✓ 它結合了：溝通技巧，完形治療，家族治療，和催眠治療！

✓ 它是一套實用心理學與行動策略！

✓ 它是一本模仿卓越的大腦操作手冊！

✓ 它化繁為簡地提供很多理論基礎及實用工具！

✓ 它能幫助我們：自我成長，潛能開發，人際溝通，心理治療，企業管理，銷售談判！

✓ 它強調「專注」與「覺察」！

✓ 它教導我們：有效地設定目標，勇於改變，懷抱熱情，充滿能量！

✓「生命」不再是過去的後果，而是未來的契機！

　　接下來，我會陸續將 NLP 的「假設前提」、「框架」、「從屬等級」、「正念十二問」、「心錨」等實用的技巧和方法，具體

連結到銷售實務的應用上，讓你即學即用，現學現賣，提升銷售超能力！

首先，什麼是 NLP 的「**假設前提**」：

1.「身」與「心」是歸屬於相同系統下的兩個子系統——身體會影響心理，同樣地，心理也會影響身體——例如：久病不癒的人，心情不容易美麗；拜訪大客戶或是上台演講，很多人會因為緊張而手腳冰冷，心跳加快，臉色發白，直冒冷汗。NLP 追求正向的身心一致性——身體健康＋心靈豐盛，才是好人生。

2. 所有的經驗，都是儲存在我們的大腦和神經系統中的訊息！

3.「主觀的經驗」是由影像、聲音、感覺、氣息與滋味所組成的——人們藉由五感（視，聽，味，觸，嗅）覺，去接觸感應（看到，聽到，感覺到）外面的世界。

Ex1: 臺灣最頂級的星巴克開幕——為了高階市場，咖啡廳變成了「小酒館」，主打客製化的精品咖啡體驗。

◎顧客來這裡，可以自由挑選喜愛的咖啡豆，在吧台區和咖啡師互動，

◎客人可以指定想要的沖煮方式——給予高端精緻的顧客體驗。

◎「烘焙品嘗室」顛覆**五感**，打造頂級咖啡新體驗。

想想你的「星巴克經驗」：看到店裡環境自成一格的布置，各種咖啡豆和相關文創產品（杯子、甜點、應節禮品）；聽到店員的親切招呼，咖啡師跟你說明咖啡豆的來

龍去脈，還有店裡播放的特色音樂；聞到咖啡香；嘴唇接觸咖啡時的熱度或冰感；品嘗到咖啡的苦澀或酸甜……綜合上述，就是你藉由五感，對「星巴克咖啡」這個品牌的感覺和評價。

Ex2: 六星級飯店「文華東方酒店」為客人打造「**五感**婚禮時尚秀」，包括了：

◎ 華麗婚宴布置的**視覺**～

◎ 演繹浪漫和弦的**聽覺**～

◎ 頂級菜式與香檳的**味覺**～

◎ 高級訂製婚紗，時尚美學的優雅**觸覺**～

◎ 記憶愛情的香氣**嗅覺**～

精彩豐富，體驗奢華，獨具特色，觸動人心，這樣的場景和感覺，物超所值，保證讓新人和客人終生難忘，值回票價。

Ex3: 某大建商，為其豪宅規劃加入了「社區全方位養生」概念，也就是「全齡養生宅」。包括了身體的「**六感體驗**」：

◎ 住戶喝的水（觸）

◎ 呼吸到的空氣（嗅）

◎ 眼睛看到的景觀（視）

◎ 耳朵聽見的聲音（聽）

◎舌頭品嚐的食物（味）

◎心靈的感受（感）

　六感齊發，無人能擋～豪宅，就是跟別人不一樣！

「感覺」往往比「語言」的速度更快，真感情就是好文章！唯有先感動自己，才能感動別人。例如:「太棒了！」「哇！好讚！」「沒錯，就是醬！」熱情是可以感染的，好感是可以傳遞的，客戶是可以打動的，就看你有沒有用對方法。擅用五感行銷的差異化，讓你的銷售事半功倍，水到渠成，不妨試試！

4. 地圖不等於實際疆域——眼見不一定為憑！資訊越發達的時代，更考驗每個人判斷真偽、是非、對錯的能力。

5. 人們不管在何時，都會為自己做最好的選擇——人，是理性且自利的！

6. 最有彈性的人，就是擁有最多選擇機會的人，比較能主導互動的情境——跟談判一樣，如果只帶一個選項上談判桌，幾乎不會談成。銷售必須有彈性，問問自己: 有沒有備案，或多些選項讓客戶參考？以全方位的保險理財顧問為例: 客戶就算這次不買「人壽保險」，還可以買「火險」、「地震險」、「旅平險」、「汽機車險」或是「居家綜合保險」，辦張信用卡，或是填張退休規劃問卷，也算日起有功，沒有白跑一趟，對彼此都好。有彈性，選擇機會多的人，比較有趣，也比較吸引人。

7. 當你呼應別人心目中的世界模型時，對方也就最容易溝通——有時候模仿對方的表情，語速，或說話方式，他快你也快，他慢你也慢，會比較容易溝通。或是了解他的興趣嗜好，

投其所好，也較容易拉近距離，建立良好關係。

8. 溝通的意義，在於你所導引出的反應——溝通溝通，最怕有「溝」沒有「通」！

9. 所有的行為，都代表一種溝通的方式——做出對的行為，找到好的方式，有效溝通，萬事亨通。

10. 人無所謂不反應或不溝通——「不反應」也是一種反應，只是比較模糊而已。

11. 溝通無所謂失敗，只是「回饋」——銷售也是如此，客戶不買單，不是產品失敗，銷售失敗，只是客戶現在不想買，現在覺得不需要，他只是把當下的想法回饋給你而已。

12. 如果目前的方式行不通，換個方式再試，直到達成目標——超業之所以成為超業，就是因為他們夠靈活，有彈性，專業有策略，最重要的是：他們堅持到底，永不放棄！

13. 有用比真實來得重要——

某部講述美式足球的運動勵志片有一段情節：先發四分衛被對方惡意弄傷導致骨折，無法再戰，總教練只好把板凳席上的替補四分衛叫上來，但他臨危受命，緊張的情緒可想而知，教練便鼓勵他：「你行的！我 15 歲那年父母雙亡，我有十二個兄弟姐妹，我排行老么，當時我還沒準備好，可是他們需要我。今晚，你的隊友需要你，你是指揮官，要去發號施令，懂嗎？左右夾攻，長傳達陣，去吧！」助理教練懷疑地問總教練：「你真的有十二個兄弟姐妹嗎？」總教練回答：「八個！」雖然誇張了點，但效果很好，替補四分衛表現出色，球隊最終反敗為勝。

銷售也一樣，你不能騙客戶，但有時候講得誇張一點，客戶也許比較聽得懂，聽得進去，更有信心和勇氣做出購買的決定，只要你的出發點是站在客戶的立場，為客戶好——有用，比真實來得重要！

14. 每項行為背後，都有其正向意圖～正向思考，一切美好！

人們未必記得你說過什麼，

人們未必記得你做過什麼，

但人們通常不會忘記的是：

你曾帶給他們怎樣的感受。

NLP 成功銷售力──「COACH」的中心思想：

Center 核心價值──問問自己：「你從事銷售工作的核心價值，中心思想或是座右銘為何？」
「樂活」是我做培訓的核心價值──向著陽光走，希望永遠在！每個人有自己的核心價值，找到它，記熟它，實踐它就對啦！

Open 開放互動──打開心胸（open mind），多聽客戶說，保持良好的互動。

Aware 覺察需求──發現客戶需求背後的需求，探索客戶真實的需求。
客戶想做好「健康管理」的原因和動力可能是為了：身體健康，孩子還小，責任很重，或是減肥瘦身。而客戶想減肥瘦身的原因和動力可能是為了：

身體健康，找到好對象，或是三個月後要拍婚紗照。

Connect 連結利益——如何把產品和服務的價值，連結到客戶心中的需要，甚至創造客戶的需求，是每一個業務員要努力追求並實現的基本功。

Hold 堅守底線——客戶會殺價或砍單，但這樣的動作不一定是真的，有時只是客戶要享受這個過程的樂趣。無論你是站在客戶的立場，為他和他的家人著想；或是站在個人及公司的立場，為業績或收入著想，堅持底線很重要！不讓客戶砍單砍到招招見骨，也不要打折打到骨折，保有彈性，堅持底線，考驗每一位超業的能力和智慧！

NLP 主要探索兩種「心態」：

1. 有資源的心態：

問問自己：在人生或銷售的道路上，你身邊有沒有良師益友，或忠實的客戶和鐵粉，為你加油打氣，給你支持鼓勵，信心和勇氣！當你懷疑自己的時候，不妨想想那些，相信你可以的人！資源越豐富，路就能走得越遠，越順，越有力。

問問自己：你是不是個懂得轉念，換框，經常保持正向思考的人？

衷心建議您：努力讓自己擁有更具豐富資源的心態，業務

比較好做，日子比較好過。

2. 卡住了的心態：

現實生活總是沒有我們想像中那樣簡單輕鬆，不信的話，我們來製作一個專屬於你的「**人生卡住輪**」，**這是本書的第一個輪**。請先在紙上畫個圓，再劃四條線將這個圓均分為八等份，四條線交會點就是圓心，在圓的外面寫出以下八種狀況，分別是：「壓力大，工時長，作息亂，業績差；體檢紅，情感空，心情悶，未來茫。」

測試一下你最近的日子過得如何？「卡」得嚴不嚴重？圓心是 0 分，圓周是 10 分，0 分到 10 分，你給自己打幾分？

譬如：最近業績很差，壓力很大，覺得快掛了，就給自己 8~10 分。最後將這八個點連起來，就是你目前的「人生卡住輪」。越大越圓，代表你的現況是屬於「藍瘦香菇（難受想哭）」等級，要想辦法趕快拉自己一把，或找人幫幫忙。

在 NLP 中，改變心態，涉及兩大要素：

1. 生理語彙 ——呼吸、肌肉、溫度、四肢（覺察自己當下狀態）

想想看，小時候，每當老師叫到你名字，要上台分享或演講時，會不會呼吸急促，肌肉緊繃，臉色發白，四肢僵硬？很多學員跟我說，就算現在還是如此。長大後，剛做業務時，要去拜訪客戶，尤其是大客戶，大老闆，會不會也有相同的症狀發作呢？即便已經是老鳥了，要去拜訪陌生的大客戶，偶爾還是會有些緊張。為何知道自己是緊張的呢？因為你的生理語彙已經說明了一切，不會騙人。這就是前面提到的，你能否對自己有所覺察？進而調整，改進，修正。後面講到「銷售的正向心錨」，會有更詳細的解決辦法，克服之道。

2. 內在表像 ——內在畫面（聲音、對話、感受）：聽聽心中的小聲音，自我對話，當下的內心感受，能否轉化為較有能量的正向思考？改變心態，就有機會改變未來。

「人生八不輪」——「人生覺得苦，皆因此八不；若能看得透，自在又幸福！」

這是本書的第二個輪，請比照前面的「**人生卡住輪**」，畫出專屬你的「人生八不輪」。

「八不」分別是：「想不通，看不開，聽不懂，放不下，過不去，輸不起，捨不得，留不住。」

人生八不輪

- 想不通
- 看不開
- 留不住
- 聽不懂
- 捨不得
- 輸不起
- 放不下
- 過不去

　　圓心是 0 分，圓周是 10 分，0 到 10 分，你給自己打幾分？

　　譬如：總是聽不懂客戶說的話，或聽不懂另一半到底要什麼？就給自己 8~10 分。最後將這八個點連起來，就是你目前的「**人生八不輪**」。越大越圓，代表你的現況越是屬於嚴重卡關等級，需要馬上覺察，改變，治療或即刻救援。

　　有一次應邀到一家知名的外商不動產公司演講，主題是：「正向思考的樂活人生」！當我分享完「人生八不輪」，只見台下的學員非常認真地畫出屬於他們自己的輪子，不時點頭。但我話鋒一轉：「你們不要以為 Leader 把『人生八不輪』解釋得很精彩，講得頭頭是道，就代表我有多厲害，灑脫，看透。偷偷告訴各位，會跟你們分享，其實是因為我一樣都做不到！」台下笑成一片，包括坐在前排的董事長和總經理。但我很嚴肅並誠懇地表示：「希望大家學了之後，可以相互勉勵提醒：自我調整，看能否多想通，或是看開些；盡量用心聽；提得起也要放得下；別跟自己過不去；別想每次都要贏；有捨有得才是真人生。人間瀟灑

努力把「人生卡住輪」修正為：「人生暢通輪」（壓力不大，工時不長，作息不亂，業績不差；體檢不紅，情感不空，心情不悶，未來不茫。）；把「人生八不輪」調整為「人生八要輪」（要能想通，要能看開，要能聽懂，要放得下，要過得去，要輸得起，要能捨得，要努力留住。）日子一定會比較好過，與你共勉——

貝萊德投資公司（BlackRock）在 2020 年初，完成一份全球最大規模的「財富與幸福感研究調查」報告。結論是：「投資」有利改善情緒，全面提升幸福感——只要踏出投資的第一步，就能夠提高幸福感！然而，對臺灣民眾來說，幸福是什麼呢？

在這份問卷調查中，75% 的受訪者認為，幸福就是「**身體健康**」；64% 的人覺得「**擁有足夠財富，能夠隨心所欲生活**」就是幸福；而 60% 的人將幸福定義為：「**生活安穩，有安全感。**」（摘錄自工商時報 2020/1/4）你覺得什麼是「幸福」呢？多年來，無論課程主題為何，我都會跟學員熱情地分享我的：「**人生幸福輪**」。

人生幸福輪

健康吃　痛快排　運動夠　安穩睡　盡興玩　開心做　快樂學　幫助人

請問，我們每天出來江湖行走，做業務銷售，不斷拜訪，四處奔波，為誰辛苦為誰忙？不就是為了「幸福」二字嗎？摸著良心，問問自己，你每天有沒有：「健康吃？痛快排？運動夠？安穩睡？盡興玩？開心做？快樂學？幫助人？」畫出你的人生幸福輪，如果它又大又圓，代表在目前的人生路上，你可以跑得又遠又快，日子應該過得還不錯。

但若是有一個凹下去，譬如：工作很不開心，內勤人員每天在辦公室如坐針氈；或是業務員害怕拜訪客戶，不知如何拓展市場，想到業績數字就愁眉苦臉，「開心做」這一點的分數很低，接近圓心，人生幸福輪的速度就會慢下來，日子也不好過！

簡單地說，值得我們努力追求的，是一個更均衡發展的人生，那就是幸福的來源。

最後附上「**進階版的人生幸福輪**」。檢視一下自己目前的狀況及狀態，包括了：「家庭和諧，情感／情緒，身體健康，理財／財務，學習成長，人際關係，工作／事業，休閒娛樂。」這八點，連出你的「人生進階幸福輪」，覺察自己的幸福指數——

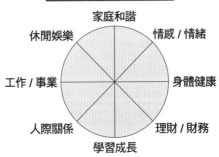

人生幸福輪（進階版）

家庭和諧
情感／情緒
身體健康
理財／財務
學習成長
人際關係
工作／事業
休閒娛樂

「生活難免會卡住，人生常常有八不，若能覺察有覺醒，樂活自在真幸福！」

　　現在，你有四個輪子了，讓我們一起努力展開——**四輪傳動的樂活新人生**！

　　阿里巴巴的創辦人馬雲說過很多正面激勵的話，下面這句話就相當符合「超業精神」，馬雲說：「你窮，是因為你沒野心！」同時，鴻海創辦人郭台銘也說過類似的話：「你沒野心，代表你不夠窮！」無論是誰說的，這兩句話相當發人省思，值得仔細玩味！看起來差不多，但實質代表的意思不盡相同。前面那句話似乎更具力道和霸氣，激勵人心，符合「超業精神」！你窮，是因為你什麼都不敢想；你窮，是因為你什麼都不敢做；

　　「野心」，未必是登峰造極，上天入地的鴻鵠之志。它可以是一種堅定不移的**目標**，勢必達成的**夢想**，或是漫漫人生路上的**盼望**。但無論如何，不搭配具體行動和執行計劃，就只是一場白日夢！

　　你的野心有多大，你的未來就有多寬廣！

　　有了野心，你才能堅持不懈、堅定不移，不斷學習和改進，以最快的速度完善自己！

　　有了野心，你才會不畏一切艱難險阻，敢於創造出別人不敢、也不能的業績或奇蹟！

　　反覆提醒自己：「你還沒成功，怕什麼失敗？」

　　不論現在有多苦，地位有多低，環境多艱難，受到多少冷嘲熱諷，都要繼續打拼，百折不撓，堅持到底，相信自己。記住：活著就有希望，永遠都不要失去你自己的凌雲之志；我們

不是因為變老，才失去夢想，而是因為失去夢想才變老！人類因夢想而偉大：

◎漫威（Marvel）教父史丹‧李（Stan Lee）**40 歲**才畫出代表作：「蜘蛛人」，之後創立了今日的漫威帝國。

◎賈伯斯在 **42 歲**的時候回蘋果接任 CEO，公司負債 10 億美金，最後讓蘋果成為全球最偉大，市值最高的公司！

◎黑幼龍先生在 **47 歲**時，引進「卡內基訓練」，打造出臺灣的卡內基王國，並連續多年獲得全世界卡內基訓練代理機構總業績第一名。

◎麥當勞創辦人雷‧克洛克（Ray Kroc）**53 歲**才創業，成就今日全球的麥當勞帝國！

◎臺灣半導體教父——張忠謀先生一直到 **56 歲**才創立了當今的全球晶圓代工龍頭：台積電！

◎肯德基爺爺 **65 歲**創業，建立了全球知名的快餐連鎖商業帝國！

◎姜子牙 **80 歲**才離開渭水而出山，而後封侯拜相，成就周武王霸業！

◎孫悟空 **500 歲**才遇到貴人——師傅唐三藏，歷經千辛萬苦，最終西方取經成功，修成正果！

對於有實力的人而言，不管幾歲去做都不算遲！不怕遲，不怕慢，只怕什麼都不幹！

太多例子告訴我們，只要開始，永遠不嫌晚！只要不拋棄夢想，夢想永遠不會拋棄你！把門關上，你的眼前就是全世界；把門打開走出去，世界就在你眼前！人生有夢，逐夢踏

實。無論什麼年紀，什麼時候去創業或從事銷售工作都不重要，重點是：

1. 你有沒有找到你的**熱情和動力**？
2. 你有沒有找到對的**商品和市場**？
3. 你有沒有跟對**老師**，遇到**貴人**？
4. 你有沒有用適當的**方法和平台**？
5. 你能不能**努力不懈，堅持到底**？
6. 你夠不**夠健康**？你顧不顧家人？

把每一個今天，當作是生命的第一天，人生就充滿期待和夢想；

把每一個今天，當成生命的最後一天，人生會特別珍惜和感恩。

「健康」是存款，「快樂」是利息，「夢想」是投資！維護健康，保持正念，你就擁有存款加利息；懷抱夢想，投資自己，人生就充滿希望！珍惜所有，感恩一切，擁抱美麗新世界！

數位轉型的「成功銷售輪」

金融科技（Financial Technology，簡稱 FinTech），是指：企業運用現今科技的技術，使金融服務變得更有效率，所形成的一種經濟產業。

FinTech 可說是一種新型的解決方案，是一種「金融服務創新」，這種方案對於金融服務業的業務模式、產品、流程、和應用系統開發來說，具有強烈顛覆性創新的特性。（摘自維

基百科）

　　廣義來說，FinTech 包括了你目前耳熟能詳，或早已運用在日常生活中的：

➢ 人工智慧（**AI** = Artificial Intelligence）

➢ 大數據（**Bi**g Data）

➢ 雲端運算（Cloud computing）

➢ 物聯網（Internet of Things）

➢ 電子商務（Electronic Commerce）

➢ Bank 3.0、4.0 甚至於 5.0

➢ 行動支付（Mobile payment）

➢ 機器人（Pepper）

➢ 機器人理財（Robo-Advisor）

➢ 監理沙盒（Regulatory Sandbox）

➢ 區塊鏈（Block Chain）

➢ 生態系（Ecosystem）

➢ 虛擬貨幣——比特幣（Bitcoin，縮寫：BTC）

➢ 擴增實境（Augmented Reality，簡稱 AR）

　　不只金融業，為了創造更多元的銷售行為，產生更廣，更多，更深入的業務銷量，各行各業無不卯足了勁，經營社群電商，力求「數位轉型」。「數位經濟」時代來臨，甚至連政府都要成立「數位發展部」來迎接「數位轉型」的大趨勢！而個人銷售力，也緊密地結合了：網路行銷，自媒體的社群經營——包括：FB、IG、Clubhouse、BBS（電子布告欄系統）、Blog（部落格）、Podcast（音頻）、Youtube、直播，微課，粉絲經濟（圈

粉，吸粉，養粉），線上讀書會等等⋯⋯

　　2020 年的新冠病毒疫情，影響行業範圍很廣，也包括了講師這一行。很多實體課程應聲取消，延期，或改為線上課程。某管顧公司請我用「企業微信」這個 app 軟體上線，幫建設公司近百位的業務同仁講述：「雙贏談判力」及「NLP 的成功銷售力」直播課；也曾在線上直播，跟 300 多位軟體工程師分享「有效溝通力」課程；應「溫世仁基金會」邀請，在中午時間，線上跟大學生直播分享：「上台表達力」的公益講座；同時，「1111 人力銀行」邀請我錄製線上的談判視頻課程；我也曾在號稱千萬打造的專業歌手錄音室裡，錄製城邦集團「城邦自慢塾」的「越談越有利：洞悉人性的雙贏溝通術」線上音頻課程；甚至「金融研訓院」的「客戶關係管理＆業務銷售技巧」都改為：由我一個人在錄音室錄製 6 小時的片段課程，避免學員來教室，確保大家健康平安。

　　當疫情遇到科技，窮則變，變則通！無論講課或銷售都一樣，客戶為了安全起見，叫你不用去拜訪，他也不會來現場，但你可以用視訊軟體做交流分享，也許還順便教客戶怎麼使用，展現你超前部署的專業價值，商機就會降臨，幸福就來敲門！

在數位化經濟浪潮下，能留住客戶的六大關鍵：

1. **便利性**──讓客戶隨時都能獲得服務！
2. **高效率**──提供更好、更快、更廣的服務！
3. **卓越性**──耐心，周到，溫暖的客戶服務或客訴處理！
4. **信任感**──建立客戶關係，時時以客為尊！
5. **變通性**──了解客戶的行為變化，因時因地制宜！

6. 新鮮感——通過非傳統的方式，提供傳統的服務！

2019 年五月，三家純網銀團隊正準備接受金管會的資格審查，在臺北舉辦了一場「全球網路銀行峰會」。聽完整天的峰會，才知道「純網銀」原來是要：「滿足客戶的一日生活所需。」就像「後疫時代」下的「三宅一生」概念：「**宅**在家，**宅**在辦公室，**宅**在網——一日**生**活基本配備。」這場峰會讓我印象最深刻的兩張投影片分別是：連線銀行（LINE Bank）的講者提到，消費者想要的**純網銀有五大特色：「簡單，便利，樂趣，安全，完整。」**而樂天銀行（Rakuten Bank）的代表特別說明，純網銀成功最重要的關鍵字就是「**洞察內在（insight）**」——

藉由觀察客戶的行為與想法，去瞭解其背後的深層動機，進而獲得核心的關鍵因素。各位超業或準超業，捫心自問：你有沒有用心洞察客戶的內在想法和需求，提供簡單，便利，樂趣，安全，和完整的商品或服務呢？我們不是純網銀的專家，但是純網銀的理念，值得學習。

創新工場的董事長李開復先生在 2016 年說過：「90% 工作在 10 年內會被機器取代！」我不得不提醒大家：今年已經是 2021 年，算算還有 5 年！不過他也說：「人類最寶貴的是『心』。」的確，科技，始終來自於人性；科技，目的不外乎銷售！

數位轉型時代下的「銷售三 C」包括了：

1.**Contact**——透過怎樣的媒介（視頻，音頻，網路直播，社群媒體）和場所（餐會，讀書會，健康講座，理財說明會）找到你的客戶，跟他們**接觸**？O2O（online to offline）虛實整合的時

代來臨了。

2. **Connect** ——用什麼事，靠什麼人來跟你的客戶進行溝通，交流，**串聯**，合作？

3. **Close** ——如何**締結成交**，把產品賣出去？而且能夠皆大歡喜，創造雙贏。

在日本曾經有一個研究調查，發現1,000位頂尖超級業務員的共通技巧就是：「投入感情」！別誤會，這不是要你跟客戶談戀愛。要成為超業，你必須瞭解客戶目前的狀況，情緒與動機（知彼知己）；設身處地為客戶設想，充分理解對方的感受（將心比心），超業應該要做到以下四點：

1. 用心蒐集客戶情報：背景，需求和購買實力！

2. 提出真正對客戶有價值的商品或服務！

3. 努力為客戶創造最大的利益！

4. 盡全力成為客戶信任的夥伴！

所謂「銷售高手」，是從外面把客戶的心門打開——說服客戶；「銷售高高手」則是讓客戶自己開門走出來——讓客戶自己說服自己，主動詢問產品或服務！透過問好問題，來探索客戶內心真正的需求，加上解說產品時的銷售穿透力，進而讓客戶買單，簽約，達成協議。但是，銷售沒有這麼一帆風順，不會那麼雲淡風輕的。因為客戶會給我們**「吃閉門羹」**——**拒絕三部曲之一**！一開始就直接或婉轉地拒絕我們：我不需要！我沒錢！我已經買很多了！（客戶拒絕點播率前三名）

但你知道客戶拒絕背後的秘密嗎？「客戶拒絕的四個NO」，包括了：

1. No hurry！（現在不急，以後再說。）

2. No need！（覺得不需要，至少目前不需要。）

3. No help！（這產品對他沒幫助。）

以及第四個，也是最重要的 No——猜猜是什麼？學員最常猜：No money（沒錢）！事實上，客戶有沒有錢，你不一定會知道；通常客戶不是沒錢，只是不想把錢拿來買你的產品！正確答案是：**No trust！**他對你沒有信任感。你的客戶，相信你嗎？有多相信，就有多少業績。

拒絕三部曲之二——「誤會一場」：

客戶不知道，不清楚我的產品或服務，能為他帶來的利益或好處。譬如：客戶不清楚或不相信這張保單在期滿之後，確定保證以 2.25% 的複利，每年增值；

客戶誤會：補充營養，修復身體機能，全植物配方的高蛋白質食品是一種藥，每天吃，會造成腎臟很大的負擔。

拒絕三部曲之三——「美中不足」：

我的產品或服務並不能完全滿足客戶的需求。譬如說：醫療保險只有住院日額給付，沒有手術給付；這房子什麼都好，只可惜所在學區沒有能讓孩子就讀的明星學校。

我常坐高鐵南北穿梭講課，高鐵的廣告海報非常有創意和吸引力，記得有一個系列的廣告文字是這樣寫的：

距離再遠，關係都很近（客戶的關係）——從新竹坐到高雄，去拜訪客戶；

距離再遠，快樂都很近（旅行的快樂）——從臺北坐到高雄，去墾丁浮潛度假；

距離再遠，幸福都很近（回家的幸福）——從臺北坐回嘉

義，擁抱老媽，祝她「母親節快樂」！

「成功的銷售」就是做好客戶關係管理，拉近與客戶之間的距離，為客戶帶來快樂，替客戶創造幸福！

「成功銷售輪」的八大要素：

正向信念，知己知彼，關鍵開場，目標設定，問句行銷，同理傾聽，價值連結，拒絕處理。

成功銷售輪

正向信念

拒絕處理　　　　知己知彼

價值連結　　　　關鍵開場

同理傾聽　　　　目標設定

問句行銷

畫個圓，用四條線將圓均分為八等份，圓心是 0 分，圓周是 10 分，你給自己打幾分？串聯這八點，就是你目前的「成功銷售輪」！

如同前面提到「超業 DNA」問卷調查所述，「正向思考」是所有超業的必要條件，下一單元，就讓我們來學習：「銷售心態的正向能量」吧！

銷售心態的正向能量

評量一個人的特質，有三大商（指）數，分別是：

◎ 智能商數（Intelligence Quotient），簡稱智商（IQ）：是

用智力測驗來測量人在其年齡階段的認知能
力。IQ是指一個人智商的高低，聰不聰明。

◎ 情緒商數（Emotional Intelligence Quotient），簡稱情商
　　（EQ）：是一種自我情緒控制能力的指數，
　　「情商」是一種認識、了解、控制情緒的能力。
　　簡單地說，EQ 就是指：一個人的情緒控管能力。

◎ 逆境商數（Adversity Quotient）簡稱AQ，則是：評估一個
　　人處理壓力或是挫折的能力，因此也稱為是「韌
　　性的科學」。AQ：明確地描繪出一個人的挫折
　　忍受力，就是我們在面對逆境時的處理能力。

1997 年，白宮商業顧問、保羅 · 史托茲（Paul Stoltz）博
士提出：一個人 AQ 愈高，愈能以彈性面對逆境，積極樂觀，
接受困難的挑戰，發揮創意找出解決方案，因此能不屈不撓，
愈挫愈勇，而終究表現卓越。 相反地，AQ 低的人，則容易感
到沮喪、迷失，挫折，困擾，處處抱怨，時時逃避，缺乏創
意，往往半途而廢、自暴自棄，終究一事無成。問問自己，你
的 AQ 高嗎？

Ex：有沒有看過棒球投手在第一局的上半局就被打出
三分全壘打，3：0 落後，但後面七局越投越順，越投越穩
零失分，最終 3：4 險勝對手，拿下勝投（優質先發）。賽
後記者通常會訪問這位投手，為何一開始就丟了三分，最
終還能反敗為勝？我看過很多投手都是這麼說的：「首先
要感謝隊友的火力支援，打下領先的 4 分；同時我也要感

謝教練團的信任，讓我繼續投到第八局。當被打出三分砲時，我的確很訝異，也有點懊惱自己投不好，球的落點太甜，被對手咬住一棒打出去！但我告訴自己，不要想那麼多，我就一球一球地好好投，一個棒次一個棒次地解決打者，全心專注眼前，相信一定能夠逆轉勝！」最後果然沉穩地拿下勝投，這就是高 AQ 的力量！相反地，如果這位投手內心的聲音是：「完了，毀了，糟了，輸了，死定了！教練一定很快要把我換下去，我的先發位置可能不保了，今年是合約年，這種表現怎麼簽大約呢？」你覺得這樣的想法可以幫他撐到第八局，拿下勝利嗎？

逆境不可怕，重要的是：你如何面對逆境？你是怎麼想的？別讓逆境變成困境！在這方面，業務員和投手是不是很像？銷售時，被很多人拒絕，拒絕，再拒絕！超業會告訴自己：「這很正常，只是客戶暫時不考慮，目前沒想法，換個說法，讓他多瞭解就好，沒什麼大不了。」

我常問學員：被客戶拒絕，要抱持什麼樣的心態？有人說「平常心」，或是「學習的心態」，也有人說要抱著「感恩的心態」，這境界未免也太高了些。其實是「贖罪」的心態，因為我們平常也都很容易，或是不經意地拒絕別人，不是嗎？不信你問問自己，每次接到電銷人員打來的電話，你是怎麼回應或是「對付」他的？我沒空！我不需要！我已經買很多了！甚至乾脆直接掛電話，一勞永逸，對吧？又或是在路上遇到做問卷的工讀生，你會熱情地留下幫他填寫問卷，而不求回報嗎？根據我多年的研究，你會乖乖填寫問卷，通常只有兩種狀況：

第一，工讀生的顏值高；第二，工讀生送的獎品好！否則大多人都表明要「趕時間」，拒絕填寫，或是直接避開走掉，這就是人性。

卡內基的溝通課程已經風靡全球100年以上了，他的「金科玉律」這麼多年都沒什麼改變，這是因為：「人心會變，但人性不會變！」人，大部分都「自以為是」，「習以為常」；「錦上添花」的多，而「雪中送炭」的少。卡內基提醒我們：「不要擔憂失眠！」因為失眠不可怕，憂慮失眠才可怕！

就好像：「掉到水裡不會死，待在水裡才會死。」同樣地，被客戶拒絕不可怕，一直擔心被客戶拒絕，不去拜訪客戶做業績，找商機，才可怕！

如何提昇自己的 AQ，以下提供三個方法供您參考：

1. 凡事不抱怨，只解決問題 ——卡內基守則第一條：不批評！不責備！不抱怨！學員吐槽說還有第四點——「不可能」！要一步到位的確不容易，但目標訂高一點，就算不能百分百做到，也能盡量減少批評，責備和抱怨，讓自己的人生更美好！

2. 先看優點，再看缺點 ——凡事要善於轉念，多看正面，想想這是不是上天給我們化了妝的禮物或考驗？現在的困難和挫敗，都是一種學習成長的機會。

3. 將當下的不幸，變成日後的「幸虧」 ——「塞翁失馬，焉知非福？」問問自己：當逆境到來時，你像什麼？蘇格拉底說：「逆境」是磨練人的最高學府——正向地回應逆境，是成功的重要特質。

Facebook 營運長桑德伯格（Sheryl Sandberg）2016 年在加州大學柏克萊分校（UC Berkeley）的畢業典禮上發表致詞：「你要有扛過一切悲傷的能力！」你會成為什麼樣的人，不單單由你的成就決定，而是你面對困境的態度（AQ）！

她用自己歷經驟然喪夫之痛，告訴這些名校畢業生要：培養韌性，擁抱幸福！

桑德伯格提到：她的丈夫在商務旅行中，在飯店的健身房裡忽然倒地不起而驟逝。當時她完全無法承受這樣的打擊，自己失去了最愛的另一半，孩子永遠失去了父親，她深深地自責沒有照顧好丈夫，沒法接受老天這樣的安排，更無法原諒自己。當她走不出這樣的逆境時，她的心理醫師好友用「理解心理學」三個 P 的迷思來開導她：人生難免會遇到以下三個迷思，想不通，看不開，卡住自己，以至於讓自己過著悲慘或悲傷的日子：

1. Personalization（個人化）：所有不好的結果都是我造成的，都是我害的，都是我不好，把過錯全攬在自己身上，這樣真的太累人了！但相反地，若是把過錯都算在別人頭上，只會怪東怪西怪別人，就是不怪自己，那又是另一個大問題。做人，不容易！

2. Pervasiveness（普遍性）：惡運或失敗，會降臨在我全部的人生，我什麼都做不好，一無是處，一事無成。

3. Permanence（永久性）：這不好的結果會影響我一輩子，我會永遠沉淪下去，就這樣過了一生！

這三個迷思，相當發人省思，回顧人生這一路走來，若能多些覺察和覺醒：

1. 不要自責太深，也不要都怪別人；

2. 要相信自己，天生我材必有用，只要努力做銷售約訪，一定會有好事發生；

3. 天空不會永遠烏雲密布，總有雲散天晴之日，向著陽光走，希望永遠在。

連結到「銷售心理學」，如果不能趕快破除以下三個銷售迷思，最好趕快輔導自己轉行，免得大家浪費時間：

1. 我真的很爛！（個人化）

2. 我什麼都不會賣！（普遍性）

3. 我的業績會一直掛蛋！（永久性）

正向心理學（Positive Psychology）之父馬丁·塞利格曼（Martin Seligman）曾提出：「我們的快樂有 60% 來自遺傳和環境，剩下的 40% 來自我們如何選擇面對環境。」快樂的人，通常有以下 10 種特質，超業也是：

1. 他們付出的比得到的還多——施比受有福，付出者收穫（Givers Gain）！

2. 他們身邊也都是快樂的人——快樂會感染他人，物以類聚！

3. 他們一定會安排屬於自己的時間——做好時間管理！

4. 他們從未停止學習——努力終身學習！

5. 他們有成長型思維模式——沒有最好，只有更好！

6. 他們欣然接受生活中的種種不適——高 AQ 的轉念與正念！

7. 他們享受當下——珍惜眼前，活在當下！

8. 他們大多把錢花在體驗，而非物質——對這世界充滿好

奇心！

9. 他們可以等待——慢，即是快——十年磨一劍！

10. 他們心中有夢——每位超業都有自己偉大的夢想藍圖要去完成！

英國前首相——「鐵娘子」柴契爾夫人說過發人省思的這段話：

留心您的思想（thoughts），因為它將變成您的言語（words）；

留心您的言語，因為它將變成您的行動（actions）；

留心您的行動，因為它將變成您的習慣（habits）；

留心您的習慣，因為它將變成您的性格（character）；

留心您的性格，因為它將決定您的命運（destiny）！

結論是:「思想」會決定你的命運！正向思考，一切美好。

你今天心情好嗎？生活充滿抱怨，反而掩蓋眼前的美好？無論如何，努力找到自我療癒的正念力量，Don't worry, be happy! 看開點，就會開心點。

「人生一次遊，煩事不久留；轉念找幸福，雨後見彩虹！」

願我們都能珍惜眼前擁有的，努力未來更好的，奮力不懈，知足常樂，十年磨一劍，瀟灑走一回——「春有百花秋有月，夏有涼風冬有雪；若無閒事掛心頭，便是人間好時節。」與你共勉——

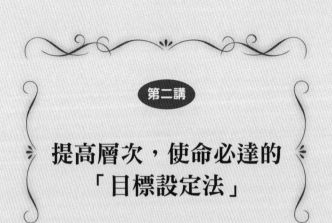

第二講

提高層次，使命必達的
「目標設定法」

☫用「框架」發掘並抓住客戶的真正需求

「成就超業，打造高績效團隊」的神奇公式——
KASH！——個人或銷售團隊需要加強的四大能力：

Performance
$$= (K+S)^A * H$$
高績效表現＝

〔專業知識（**Knowledge**）＋專業技巧（**Skill**）〕$^{工作態度（Attitude）}$＊工作習慣（**Habit**）

各行各業有不同的專業知識，就像少林寺絕學——「易筋經」一樣，是銷售的基本功。而專業技巧則包括了：溝通力、銷售力、行銷力、談判力、表達力、社交力、客服技巧、客訴處理技巧、時間管理技巧、問題分析與解決、客戶關係管理技巧等……

良好的工作習慣包括：掌握工作的輕重緩急、正確的時間觀念、活用零碎時間、設定工作目標、定期檢視工作進度等……

正確的工作態度，是成功的關鍵！包括了：正確的工作價值觀、了解工作的意義與價值、負責與當責、正向思考、主動積極、認識自我、面對逆境、團隊合作的共好精神、和終身學習的熱忱……看似老生常談，卻是放諸四海皆準。

要成為令人尊敬的超業，KASH 缺一不可。本書要幫助讀者的，不只是銷售技巧，銷售話術，更是正確的銷售態度和銷售心態建立，努力堅持在「銷售」這條康莊大道上，走得快、走得遠、走得久、走得輕鬆愜意，走得無怨無悔、而且一定要走在正確的道路上——在錯誤的道路上狂奔，只會一錯再錯！

老張是個工作認真，經驗豐富的伐木工人，從 20 歲入行，在這一行已經做了 29 年了。他的伐木業績一向名列前茅，是伐木業中的「超業」，數十年如一日！但他的業績最近有下滑的趨勢，他百思不得其解：「奇怪，我跟過去一樣，日出而作，日落而息地勤奮打拼，這麼多年了，我是同行眼中最專業的伐木師，擁有豐富的伐木知識（K），精練純熟的伐木技巧（S），一直保有良好的工作習慣（H），敬業精神受到大家的稱許（A）。為什麼我的業績今非昔比？」

　　各位讀者，你想到原因了嗎？老張雖然做到了 KASH，但他忽略了三個重點：

　　1. 業績下滑可能是他身體出狀況，或體能下降──「超業」必須要有一個強健的身體。

　　2. 伐木的斧頭鈍了，鋸子不利了，需要磨利鋸子或換把新斧頭──工欲善其事，必先利其器。舉例：更新、更薄、更輕、電力更長效的平板電腦、5G 手機、各種 app 軟體、甚至於 AR、VR 技術，都是現今超業銷售的好幫手，一機在手，如虎添翼，你開始用了嗎？一台平板，一支手機，一個夢想，幾個產品，幾個好友，幾個群組，就可以展開你的超業人生！科技有限制，夢想無限大，Just do it──

　　3. 大環境變了！森林被濫墾濫伐，破壞了生態，影響到樹的數量，正急遽減少中──老張也許要開始改變想法和觀念，轉換工作場所，到更有資源的地方，開創新的契機；也可能是環保意識抬頭，新的工具或技術漸漸取代傳統的伐木──市場

萎縮，好景不長——轉行轉業，也可能是老張不得不的選擇。賺不到錢，不是你不夠努力，而是你不在賺錢的圈子裡。「選擇」，有時比努力更重要！

神經語言學（NLP）「改變的模式」強調:「生態平衡的框架」！從「目前狀態」（行為，思想，感覺）到「所欲狀態」，不能只靠想像或空口說白話，要找到可運用的資源，努力精進成長，才能改變茁壯。所謂「生態平衡的框架」，簡單地說，「生態平衡」的意思就是:「所有的努力，都要求均衡健康地發展」。就像地球生態的保護一樣，若人類只為了追求工業開發，科技登峰，物質生活享受，而不斷地破壞自然環境，最後終將自食惡果，遭受大自然的反撲。

什麼是「框架」呢？框架（Frame）是一套有用的NLP溝通技巧:「規範出一個範圍，並在這個範圍內進行探索，作為尋求答案的背景。」一般開會、談判、協調、銷售、面談或座談等溝通的場合，都可以是一個「架構」，讓你精確、有效地達成目標。

譬如:想要在台上向聽眾表達想法，傳遞訊息，可以使用以下三個簡單的架構，做為你上台分享的框架:

1.What（概念）——對話一開始，就先清楚地定義你想要傳達讓對方接收到的，是怎樣的概念。

2.So What（好處）——接著說明並列舉對方接受這個概念後，能得到什麼好處？

3.Now What（行動）——最後提出:一旦對方接受這個概念，應該採取什麼具體的行動？

「銷售」不也是如此嗎？跟客戶傳遞產品或服務的「概念」，精準說明對他們的「好處與利益」，適時提醒他們：心動不如馬上「行動」。

以下舉例說明各種框架的實務運用：

□ **開場白 框架**——心態的準備，即在正式進行主要活動或溝通前，先預告各種形式性或程式性事件，讓在場的人有初步共識或心理準備，為接下來較實質具體的溝通打好基礎。

　　EX：面談情境——「接下來的時間，我會用 5 分鐘介紹自己，讓長官們知道我的背景，經歷和專長。」

　　EX：上課情境——「今天六小時的《雙贏談判力》課程內容，除了 Leader 講解談判的五大元素、談判影片解析和分組討論與報告之外，最後一個半小時，我們還會進行商務談判實戰演練。」

　　EX：銷售情境——「張小姐您好，我今天來拜訪您主要有三個重點：除了分析 2021 上半年全球總體經濟的發展趨勢，美元匯率的未來走向，還要跟您介紹目前最熱賣的兩個美元保單專案，讓您能超前部署，提早做好退休理財及風險規劃。」

□ **結果／目標 框架**——給一個明確的方向和目標，在溝通時，先設定好目標或希望的結果．

　　EX：銷售情境——「希望透過我的專業說明，讓您更瞭解

本公司產品的特色、效益、和無可取
代的價值。」

□ **假設框架**──藉由創造一個假設性的背景情況後，能夠取
得在現實環境下無法獲得的資訊。

EX：諮商情境──「如果你都能知道客戶要什麼，你可以
想像你會是怎樣的業務員？」

EX：諮商情境──「如果妳能知道自己真正想要什麼，妳
可以想像妳會是怎樣的人？」

□ **求證式疑問 框架**──找出以「感官經驗」為參照基礎的目
標，與結果的證據。

EX：諮商情境──「你如何知道你已經達成你所期待的銷
售成功或目標？」參加海外高峰會上
台領獎，看到台下的觀眾為你喝采，
聽到大家持續不斷的掌聲，感覺到自
我實現的喜悅，和站在成功舞台上的
興奮與悸動。

□ **相關性質疑 框架（保持主題）**──為了掌握正確資訊走
向，如果聽到與今日討論目的或預期結果並不相同的描述時，可以
提出質疑以導正行為。

EX：「你剛才說的，跟我們今天討論的主題有什麼關係？」
（偏離主題）

EX：「這與本案（這個會議）有何關連？」（幫助講話者回
到主題或進行更深入的討論）

□ **複述（誦）框架（檢視溝通過程）**──提供一種重新檢視
資訊產生過程的方式。

EX：銷售情境──「鄭媽媽，根據我們剛剛討論的結果，您所需要的產品是：跟定存差不多的，比定存好一些的，而且要以台幣計價的保險規劃，對嗎？」

□ **觀點角色 框架**

EX：「如果你客戶看到你這樣努力地為他爭取福利，他會怎麼想？」

EX：「如果你太太看到你這樣努力為家庭付出（改變），她會怎麼想？」

□ **探索企圖 框架**

EX：「做了 45 天的「自我健康管理」後，你真正想要改變（得到）的是什麼？」

□ **後果 框架**

EX：「做了這個改變後，你預期對你的現況會產生什麼影響？」

EX：「從今天起，我一定每天都早睡早起，睡飽睡滿，固定運動 30 分鐘，至少喝 2000cc 的水，並幫自己準備營養早餐。相信45天後的體檢紅字一定會消失，重新找回我的健康活力。」

EX：「如果現在沒有做任何努力或改變，你預計未來會有什麼樣的後果？」

EX：「要是你繼續每週吃兩次麻辣鍋，只吃肉不吃青菜，你覺得你的身體還能撐多久？」

□ **後框架**

EX：「等我們今天上完整天『NLP 的成功銷售力』，回到職場，你會在何種情況下，運用今天所學，創造更多的業績？」

EX:「讀完這本超業筆記，妳有什麼心得？會不會現學現賣？即學即用？」

本書中提到的所有輪子或鑰匙，也都是一種「框架」。匯整了我多年來的所學所知，所見所聞，經驗累積，將各種廣泛複雜的主題內容，框架為八個重點，幫助大家好記、好用、好學、好成長。既然講到 NLP 的框架，就不能不談談「換框」這件事。

我們常說，要「打破框架」——跳脫既有的模式和思維，丟掉傳統的包袱和窠臼，突破既有的束縛與限制，勇於追求嶄新的人生方向。這告訴我們：「水能載舟，亦能覆舟。」框架可以幫助我們 Focus，有效達成目標；但有時也會限制了我們的想法和行動，拘束了我們的創新和發展，要小心運用，才能取其利而避其害。

「換框」（Reframing）正是一套有用的「正向自我溝通技巧」：透過新的觀點，看法（新的框架），來找尋在舊框架下看不見的創新、想法或可能性。就算你認為是負面的行為或處境，其背後也會有某種程度「正面的意圖或影響」，根據發生的狀況（因果關係，背景，條件等）會產生各種不同的意義。

➤ 認知的框架改變——框架內的意義也會跟著改變——本人的反應或情緒也會改變——言行舉止也將改變！

所以一旦換框，你的績效或結果也會更換改變，記住：「思想決定命運」。

「換框」：危機（問題，限制）就是最好的轉機，而「超業」永遠懷抱正向的力量！

舉例：

X：「我口才很差，跟客戶除了工作上的事，就沒別的話題可以聊。」

O：「這樣也很好呀，不說廢話直接切入重點，客戶會覺得你是有效率的省話一哥或一姐。」

日本經營之神——松下幸之助：身體虛弱，小時家境清寒，沒有傲人學歷。

他成功的理由有三，但每個都來自他眾所皆知的弱點：

1. 身體虛弱——更懂得完全信任部屬，充分授權，建立重視及培訓人才的經營模式！

2. 家境貧困——更瞭解金錢的可貴，從創業開始就能有效運用公司資金做正確投資！

3. 學歷不夠——更能虛心地向周遭人學習，三人行必有我師！

....

換框的力量：如果老天爺給你一顆檸檬，那就努力把它做成一杯好喝的檸檬汁吧！

....

「換框達人」檢測練習：

✓ 做人固執——堅持信念，有自己的一套！

✓ 做事龜毛——心思細膩，謹慎行事，不易出錯！

✓ 不夠沉穩——行動派，充滿活力，個性活潑！

✓ 多管閒事——熱情關心他人，重義氣，會照顧人！

自我練習:

❖ 我不大會察言觀色，總是有話直說，常說錯話得罪人
────

❖ 我口才不好，不會說好聽的話，講話有時還會結巴，不適合做業務────

一般業務和超業的差異 ───轉念和換框的能力:

一般業務:「完蛋了，只剩三天就是業績結束日。」
超業:「太好了，還有三天可以去找客戶，做業績！」

一般業務:「這個客戶有可能買單，但是有很多困難。」
超業:「拿下這家客戶有很多困難，但是客戶有可能買單！」

一般業務:「要如何在期限內，完成這項任務？」
超業:「怎樣才可以「提前」完成這項任務？」

一般業務:「客戶都這麼難搞定，代表這個市場很難打。」
超業:「客戶這麼難搞定，代表這個市場還有進入障礙，真是太棒了！」

一般業務:「我要把大部份精力，用來向客戶做一次完美說明。」
超業:「我要把大部份精力，用來傾聽，同理和服務客戶！」

一般業務:「客戶抱怨，代表我又要被洗臉了。」
超業:「沒有所謂難搞的奧客，只有讓我心智能力成長提升

的貴人！」

一般業務：「訂單到手收費後，就是尋找其他新客戶的開始。」

超業：「訂單到手收費後，就是好好服務這位客戶的開始！」

一般業務：「我要努力提升顧客滿意度。」

超業：「讓客戶滿意還不夠，我要讓客戶有一種物超所值的感動！」

一般業務：「我知道的已經夠多了，這沒什麼好學的，我都學過我都會。」

超業：「我知道的永遠不夠，學無止境，虛懷若谷，任何人都有值得學習之處，我一定還可以更好，學以致用，才能學以致富！」

☛「從屬等級」的自我目標探索

什麼是「從屬等級」？

隨著時空環境與事物的不同，我們內心所真正關注的重點往往也不同。NLP 將其分為六個層級，稱為：「從屬等級」。層級越高，影響越大！從銷售的角度來看，涵蓋的層級越高，越有「銷售穿透力」和「說服力」，客戶越容易買單。

從最低的第一層（影響力最小），到最高的第六層（影響力最大），分別是：

第一層：環境（何時何地？ When & Where）

第二層：行為／情緒（做什麼？ What）

第三層：能力（如何做？ How）

第四層：信念與價值觀（為何做？ Why）

第五層：自我認同（我是誰？ Who）

第六層：精神的／靈性的（還有誰？ Who else）

	從屬等級	5W1H	說明	例子
一	環境	Where When	何時何地？	◆臺北的冬天滿冷的。 ◆吵雜的地方讓人很難專心讀書。
二	行為／ 情緒	What	做什麼？	◆我現在正在看NLP相關書籍。 ◆我覺得精神飽滿，心情舒暢。
三	能力	How	如何完成？	◆我很會說故事行銷。 ◆我知道如何運用NLP來創造更大的業績。
四	信念／ 價值觀	Why	為何做？ 動力何來？	◆生命誠可貴，愛情價更高，若為自由故，兩者皆可拋。 ◆學無止境，追求卓越！
五	自我意識／ 自我認同	Who	➤我是誰？ ➤我有何使命或特色？	◆ 我是超業。 ◆ 我是一個有正向銷售力的超業。
六	精神面／ 靈性面	Who else	➤我之上還有誰——更高的存在？ ➤除了我，還有誰？	◆ Thanks God！ ◆天人合一！ ◆合作無敵，團隊至上！ ◆感謝我的長官和團隊！

看到這裡，你會不會覺得「NLP 的從屬等級」有一種似曾相識的感覺，類似：「馬斯洛的需求層次理論」（Maslow's Hierarchy of Needs），其中包含了五個層次：

➤ 生理需求（生存感）（Physiological Needs）

➤ 安全需求（安全感）（Safety Needs）

➤ 社交需求（歸屬感）（Love and Belonging Needs）

➤ 尊重需求（自尊）（Esteem Needs）

➤ 自我實現需求（Needs for Self-Actualization）

凡事先求有，再求好！就像「超業之路」一樣：

剛入行，先求破蛋，再求職達（達到公司要求的每月基本業績標準）；追求各種職級的升等晉階；參加各種大小的競賽獎項；入選國內績優人員高峰會；參與績優人員海外高峰會；爭取海外高峰會榮譽團席次；晉升公司前十傑；榮獲公司前三名；從年度第一名，到年年第一名；從公司的一哥一姐，到業界天王天后的超業——看山還是山，看水還是水！回首來時路，也無風雨也無晴。

從「馬斯洛的需求理論」到「NLP 的從屬等級」，都是一種人生不斷自我挑戰，晉階升等的境界。

問問自己，你目前在哪一層，要往哪一階邁進？人類因夢想而偉大，生命因夢想而輝煌！以下是我在 2020 年疫情嚴峻期間，用手機視訊幫桃園一家知名建設公司 100 多位業務菁英培訓「NLP 的成功銷售力」，講述「從屬等級」時所做的舉例說明：

	從屬等級	5W1H	說明	例子
一	環境	Where When	何時何地？	◆這建案的腹地滿大的！ ◆桃園的冬天不會太冷！ ◆桃園人口成長數為六都之冠！
二	行為／情緒	What	做什麼？	◆年輕時就要努力為自己存好第一桶金！ ◆賣好房子給好客戶，讓我覺得通體舒暢！
三	能力	How	如何完成？	◆我很會說故事行銷，善於運用 NLP 技巧銷售房子！ ◆首購族較能申請到低利購屋專案！
四	信念／價值觀	Why	為何做？ 動力何來？	◆做事業，同時做志業：幫助別人，成就自己！ ◆活著就要終身學習：精進專業，追求卓越！
五	自我意識／自我認同	Who	➤我是誰？ ➤我有何使命或特色？	◆我是最正向自信的超業。 ◆我是個有領導溝通力的業務主管。
六	精神面／靈性面	Who else	➤我之上還有誰──更高的存在？ ➤除了我，還有誰？	◆善法若水，利澤萬物！ ◆團隊至上！ ◆我有個幸福美滿的家庭！

　　接下來，再舉兩個工作上的銷售實務案例，幫助你更了解「從屬等級」的運用，銷售時提高層次，增大影響力及說服力，激勵自己或客戶，有助於完成設定的目標，做到高業績，達成最初的夢想。

➤ 從屬等級的辨識與運用（保險理財規劃）

第一層：保險市場環境——業務員通路＆銀行保險通路：線上投保＆線下投保、保險滲透度（保險費占 GDP 的比重）＆保險密度（平均每人每年的保費支出）

第二層：行為／情緒——買保險，人情保，強制保。

第三層：能力——退休樂活規劃：理財節稅規劃＆信託傳承計畫、人生風險規劃＆子女教養金準備

第四層：信念與價值觀——用保險：「守護您毫無預警的人生，預約您相對確定的未來！」

第五層：自我認同——我是個愛家負責任的好先生和好爸爸。

第六層：精神的／靈性的——幫您「把愛留下來」，安心「一代傳一代」！

➤ 從屬等級的辨識與運用（幸福買房，抗老存摺）

第一層：環境——疫情不定，市場嚴峻，客戶不出門。低（零）利率趨勢，保本增值的房市，線上銷售宅經濟。

第二層：行為／情緒——正向自信的銷售心態：花本來就要花的時間，賺本來賺不到的錢。

第三層：能力——存第一桶金（青年）、以房養房（中年）、以房養老（老年）。錢賺錢，系統賺錢，人賺錢！

第四層：信念與價值觀——「合作最大的商機是消滅貧窮！給予的不是產品，是機會！」

第五層：自我認同——我們是資產規劃的平臺，是財富自由的經營者。

第六層：精神的／靈性的——善法若水，利澤萬物，世代
傳承的價值！

看過葉問2的人，一定對於片中洪金寶飾演的洪拳宗
師——洪師傅，因氣喘病發作，最終不敵囂張放肆的洋人
拳王，不幸被打死在擂台上的一幕，印象深刻。當葉問要
幫他丟白毛巾認輸保命時，洪師傅阻止了他：「為了生活
我可以忍，但污辱中國武術就不行！」「生活」是「從屬
等級」的第二層——行為，但「中國武術」是第六層——
精神的（在我之上）。第六層的影響力遠大於第二層，這
就是「從屬等級」的威力。可惜葉問沒來上我的「NLP 成
功銷售力」課程，否則他可以用同樣是「從屬等級」第六
層的說法，去提醒洪師傅：「別忘了，您還有六個女兒和
一個兒子在家等著您回去吃晚餐啊，您的生命才是最重要
的！」——「第六層——除了我，還有誰？」也許洪師傅
聽了，會改變心意，您說是嗎？

天王劉德華主演的港片《拆彈專家》有一幕相當賺人
眼淚：
當歹徒綁在一位年輕警察身上的定時炸彈不夠時間拆
除時，剩下不到一分鐘就要爆炸，拆彈專家劉德華只能堅
定地對他說：「你是警察，你有你的責任，遠離人群，不要
靠近車輛，站在原地，這樣的傷亡是最少的，清楚嗎？」
劉德華連續講了兩遍，並要求年輕警察重覆一次：「我是

警察，我有責任，遠離車群，遠離人群，這樣傷亡才會最少！我是警察，我有責任……」就這樣他站在原地，一步都沒動，直到爆炸。拆彈專家劉德華運用了「從屬等級」的第五層——我是誰？（我是警察！）和第六層——還有誰？（遠離人群，這樣傷亡最少！），讓年輕警察在生命的最終時刻，發揮大愛，勇敢面對死亡。人生自古誰無死？留取丹心照汗青！看到這一幕，讓我聯想到小時候看的軍教片「筧橋英烈傳」。對日抗戰時，飛機的機翼被砲火打壞了，生存無路，逃生無門，只見空官飛行員抓緊方向盤，將油催到底，大喊一聲：「中華民國萬歲！」就往日軍船艦向下俯衝，要拼個同歸於盡！現在才知道，那大喊一聲，就是「從屬等級」的第六層——「除了我，還有誰？」

2020年全球票房最高的一部電影，是大陸電影「八佰」。電影講述的也是對日抗戰時，八百壯士戍守四行倉庫的老故事。其中一句六個字的台詞，聽說讓很多大陸內地的觀眾在電影院裡瞬間淚崩，濕透了每一個口罩——為了擋住日軍猛烈的強力攻堅，一個士兵背上炸藥，大喊一聲：「娘，孩兒不孝了！」（忠孝難兩全，我死則國生——第六層級：除了我，還有誰？）縱身一躍，跳進了日軍的裝甲先鋒部隊中引爆，和敵人同歸於盡。

我不知道這些電影情節是否真實？但我知道，換做是我，

應該也會這樣大喊一聲！就像「NLP 從屬等級」所說的：層級越高，影響越大，越有說服力，越能帶給人們更多信心和勇氣去 Do something！

善用「從屬等級」的銷售魔力，訴說更崇高的動機和目的，設定更高、更遠、更有價值的目標，你可以大聲地告訴客戶：

我賣的不是「保險」，是你的責任和安心！

我賣的不是「保險」，是你老年時的尊嚴！

我賣的不是「保險」，是財富自由與傳承！

我賣的不是「車子」，是你全家的快樂出遊，安全和便利！

我賣的不是「車子」，是我在這一行 22 年的品牌和榮譽！

我賣的不是「房子」，是你和家人未來 20 年的幸福！

我賣的不是「房子」，是我的專業和口碑！

我賣的不是「生前契約」，是你買不到的親情和放心！

我賣的不是「生前契約」，是父母對子女的愛與關懷！

我賣的不是「營養食品」，是你健康的人生和全家的幸福！

我賣的不是「健康管理」，是你更圓滿樂活的人生！

我賣的不是「課程」，是你更寬闊的人生！

我賣的不是「課程」，是你更順暢的職涯！

我教的不是「銷售或談判」，是人性！

漏斗定律

如果你跟 40 位準客戶聯繫（打電話，或用各種通訊軟體），想要進行銷售，依照「大數法則」，通常有 10 位準客戶願意聽

你分享，而其中又有 3 位會給你機會去拜訪，最終至少會有 1 位客戶成交！（以上是大數據分析的經驗值。）

當然結果也會因銷售功力和努力而異。就如同 80/20 法則一樣：80％的業績，通常由前 20％ 的業務員完成；或是 80％ 的業績，通常來自於前 20％ 的客戶。

想像一個上寬下窄的漏斗：40：10：3：1。 舉例說明：

業績通常每月歸零──問自己一個最直接的問題：「你這個月想賺多少錢？」

假設是 20 萬元。如果賣出一個產品，你可以賺到 4 萬元，那你這個月至少得賣出 5 個產品才達標。

40 ＊ 5 ＝ 200 （實際拜訪量）

10 ＊ 5 ＝ 50 （願意聽聽看）

 3 ＊ 5 ＝ 15 （進行拜訪銷售）

 1 ＊ 5 ＝ 5 （買單成交）

 5 ＊ 4 萬元＝ 20 萬元（本月收入目標）

換句話說：這個月想賺 20 萬元，你得成交至少 5 單，必須獲得 15 個拜訪銷售機會，有 50 位準客戶願意讓你分享一下產品或服務，而在這之前，你至少得跟 200 位準客戶聯繫約訪，這就是「漏斗定律」。運用成功與否，取決於：準客戶名單的質與量＋你的專業知識和銷售能力＋非常努力＋堅持下去＋一點運氣！

無論如何，「數大就是美，量多才有錢」──銷售無涯，唯勤是岸！

你，開口邀約銷售的次數夠多嗎？拜訪量夠大嗎？想要實現的夢想越大，通常成就越大，但你必須逐夢踏實！ Think

Big，Do More！（把目標做大，而且要非常努力！）這樣很難嗎？有心有為者，就沒那麼難！

☙ 目標設定的「正念 12 問」

無論你是不是「超業」，要擁有自己想要的生活，每個人都必須知道自己「要什麼」？但是，如何才能知道自己究竟「要什麼」？如何設定目標呢？

在 NLP 裡，這叫做：選擇一個「結構完整的目標」！

「結構完整」的目標，必須符合下列八個條件：（環環相扣）

1. 積極、正向的說法，你得指出「要什麼」，而不是「不要什麼」！

EX：「我要成為一個財富自由‧受客戶尊敬和喜愛的超業。」

EX：「我要成為一個春風化雨，助人助己的企業名師。」

2. 是你自己「所要的」，以及「可以維持的」——設定的目標不是為了別人，而是自己真心想要的，可以堅持下去，繼續奮鬥，努力不懈的目標！

3. 以感官用語（V.A.K）——看到（Visual）、聽到（Auditory）、感覺到（Kinesthetic），具體描述的——

EX：「我要參加海外高峰會頒獎，我將看到台下的觀眾高舉雙手為我喝采，聽到大家持續的掌聲不斷，感受到自我實現

的喜悅，站在成功舞台上的興奮和悸動。」

4. 有適當的背景情境——整體大環境，和我目前所處的環境，是否有利於我所設定目標的達成？

5. 保有目前情況中「好的部分」——檢視自己目前已經擁有的資源和成就，並盡力維持。

6. 目標的規模大小適中——有點難度，但可努力達成的目標。

7. 是整體生態平衡的，或不會製造新的問題（環保）——

✓ 不會因為追求工商發展，而造成環境污染。

✓ 不會因為要簽業績，而忽略客戶的福利和權益。

✓ 不會因為汲汲於賺錢，不顧自己的健康及家人的陪伴。

✓ 不會因為汲汲於賺錢，不顧子女的成長及父母的老邁。

8. 採取行動——設定目標，完成目標，坐而言不如起而行！

➤ **2021 年目標設定的——正念 12 問：**

1. 你要的是什麼？（成為超業、成為名師、年薪？萬、拿到某家企業或某個客戶的訂單、做好健康管理、考到專業證照、帶家人去日月潭渡假、舉辦大學同學會、開車環島、完成鐵人三項、買車買房……）

2. 你如何知道你已然達到所想要的結果了？（看到每月持續增加的存摺數字、聽到眾人為我喝采、覺得很有成就感、聽到家人開心滿足的笑聲……）

3. 你希望在何時，何地，與何人共同完成或分享這個結果？（家人、好友、客戶、同事、夥伴、學員……）

4. 你希望得到的結果，將對你的生活產生何種影響？（提高生活品質，更有自信、更幸福、更圓滿……）

5. 為何尚未獲得希望得到的結果？（還沒下定決心、不夠努力積極、資源有限……）

6. 為達到想要的結果，你需要具備什麼資源？是否已經擁有了？（專業證照、良師益友、共好團隊、人脈連結、公司＆長官支持、更多優質相挺的客戶……）

7. 要達到想要的結果，第一步該做什麼？（走出第一步，往往最關鍵！要創業，開管顧公司，從企業內部講師轉為專職講師，第一步就是：遞辭呈。）

8. 你願意盡何等的努力，以達到所要的結果？（每天只睡5小時，犧牲假日時間……）

9. 你所設定的結果，與你的價值觀是否相配合？（目標：要帶家人去歐洲旅遊——重視家庭，孝順的價值觀。）

10. 達到這項結果，對你有何意義？（人生自我實現、家和萬事興、財富自由……）

11. 為了達到這項結果，你情願戒除哪些事情？（放棄許多休閒娛樂……）

12. 你會不會因為這項結果而失去什麼？或遇到新的難題？（失去和家人相處的時光……）

實現自己的夢想，達成設定的目標，活出不一樣的人生，你需要的：只是一顆勇敢的心＋踏出第一步，就能繼續朝著成功的彼岸勇往前進。

♟「2021・牛轉奇績」──圓滿人生的四大象限！

2021 ──正念積極・牛轉奇績──

每到歲末年終，很多人都會訂定新的年度計畫，回顧過去，展望未來。

當我還是企業內部講師時，每年都會帶著公司銷售部隊的夥伴們，用一下午的時間，一起完成我所製作的──「滿足四大秘密的人生清單」，結合「吸引力法則的秘密」（請參考本書第七講）和「目標設定的 SMART 原則」──

Specific（具體的）──目標計畫不用長篇大論，但要具體可行。

Measurable（可衡量的）──數字化，量化你的目標和績效。

Action-Oriented（行動導向的）──所有的目標計畫，都要有行動規劃和準則，能確實付諸執行。

Realistic（合乎實際的）──不用打高空，放厥詞，目標不要張牙舞爪，要實際可行。

Time-Bound（有時間表的）──給自己時間壓力，做好時間管理。

就拿每年最多人想完成的目標:「瘦身塑身，減肥減重或增肌減脂」這件事來看，如果目標是「今年減重 10 公斤」，你絕對不會在一年的 12 月 31 日當天才做這件事吧？那樣恐怕只能拿刀出來割肉了，很嚇人！所以你務必從年初就好好計畫，如何進行: 減重訓練，飲食調理，適當正確的運動，或做「健康管理」。

一開始，我會提供一張「滿足四大秘密的人生清單」給夥

伴們，一年就一張紙，不用多，計畫寫滿一張 A4 紙，一分鐘內能讀完就好，寫太多你也不會看，對吧？

「滿足四大秘密的人生清單」正面寫著：生活目標（RFHS）和工作目標（每季、每月、每週、每日──做好服務、開拓客戶、精進專業、追求卓越），給大家 20~30 分鐘的時間填寫，當同仁們寫完，請他們翻到背面，將剛才寫的內容，分別填到用十字區分的四個象限，以數學的「直角坐標系」而言：

第一象限是：關係（**Relationship** 家人、朋友、同學、同事、客戶）

第二象限是：賺錢／理財（**Finance**）

第三象限是：健康／健全（**Health**）

第四象限是：精神／心靈（**Spirit** 信念、奉獻、服務、閱讀）

有趣的是：很多人一開始都只想要賺錢，忽略還有家人，朋友，和自己的健康要顧；忽略了幫助別人和讀書之樂。問問自己，能否把這四個象限的年度目標填滿，而且要說到做到？

大多人無法確實達成年初目標，常有 2 個重要的原因：

1. 你的目標太模糊、不夠明確，沒有量化的數字。

2. 你的目標太困難，不切實際，以現在的能力，根本做不到。

以下再補充一些設定目標，或新年新希望的原則，供你參考：

➤ 重要的目標，要明確地寫下來，一整年都放在心上──

➤ 把一年的希望，變成每天的習慣──

➤ 確保親朋好友能監督你的進度，可以適時適當地公布在IG、臉書或 line 的群組上——

➤ 接受即刻救援，邀請他人共襄盛舉——

➤ 量化新希望，設定具體行動目標——

➤ 用寫日記，FB 打卡或 IG po 照的方式來追蹤進展——

➤ 千里之行，始於足下——勇敢踏出執行計畫，為目標展開行動的第一步很重要！

➤ 維護均衡人生——工作很重要，但健康也很重要！

➤ 勇敢跨出或擴大舒適圈，找尋明燈指路的良師，結交志同道合的益友——

➤ 馬上動手規劃，想辦法改善讓你很不滿意的現況——

➤ 想辦法撥出時間，學習一項有助於生活或工作上的新技能——

➤ 經營個人社群，嘗試用網路行銷自己——

➤ 養成早起閱讀的習慣，每天都要多學一點，進步一些——

➤ 注重過程，設定正確目標——

➤ 把目標寫在行事曆上，而且要具體清楚明白——

➤ 學習時間管理，善用零碎時間——

➤ 打造有助達成目標的工作和學習環境——

樂活金三角，平衡才美好；認真做三管，瀟灑走一遭！

樂活有三管，包括：

✓ **健康**管理——飲食，睡眠和運動。

✓ **財富**管理——理財，風險和退休。

✓ **心靈**管理——紓壓正念，談判溝通。

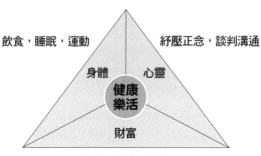

快去看看你在年初時寫下的年度目標，有沒有滿足「RFHS 四大象限」，或是「樂活三管」？缺的記得要補上，讓你的人生更圓滿樂活，也別忘了跟你的親朋好友和客戶分享這些內容，幫助他們的人生更圓滿樂活。助人助己，才是超業真本領！

第三講

知彼知己，
DISCovery——
DISC的「聰明識人術」
與「成功銷售力」

⚑ 常見人格特質分析的工具

　　網路上有很多「自我檢測性格」的工具，有的是問卷，要求你憑藉直覺做選擇題，依照答案分析你的個性或特質；有的則是圖案，問你：直覺的第一眼看到什麼，就代表你是哪一種個性的人，或目前處於怎樣的狀態。譬如一張圖上畫著一位男性的臉，第一眼看到是他的正面或側面，代表不同的人格特質——看到正面的人，慣用右腦思維，擅長藝術創作；看到側面的人，慣用左腦思維，擅長邏輯思考。專家說：左腦管理性，左腦發達的人，擅長：語言、邏輯、分析、推理；右腦負責感性，包括：直覺，情感，想像和創意。常問學員：「你是左腦人？還是右腦人？」一位學員回應：他是「煩惱人」，我當場無言以對！

**　　人與人之間的誤解或誤會，往往來自於溝通失敗；**

**　　業務員和客戶之間的誤解或誤會，常常導致銷售失敗；**

**　　談判若不能知彼知己，雙贏互利，最終只能接受談判失敗的結果！**

　　金融監督管理委員會（簡稱：金管會）總是要求銀行理專，或各類金融從業人員要 KYC（Know Your Customer）——認識你的客戶。我常問金融業的學員：「那你認識自己嗎？」這是一輩子的課題，很大，對嗎？有什麼工具或方法，可以幫助我們知彼知己呢？

1. 算命

　　算命是一種傳統的方法，信者恆信。有一次聽一位傑出的

女性企業家演講，算命先生說她是「勞碌命」，她聽了心情不好，眉頭深鎖。算命先生看她的表情，便補充說明：「小姐，別擔心，妳是很多人生命中的貴人，以妳的能力和助人為樂的個性，可以幫到很多人，當妳的部屬或朋友是很幸福的，因為妳會幫助他們解決問題，精進成長。雖然累了點，但妳的人生很豐富，充滿光彩和價值喔！」原來「勞碌命」是這樣解釋的，她馬上轉憂為喜，破涕而笑，感謝算命先生的指點。

我也曾去算過命，算命先生說我是「孔明命」。聽得我心花怒放，暗自竊喜。諸葛孔明，三國第一人，上知天文，下知地理，無所不知，無所不曉。正當我在沾沾自喜時，算命先生忽然補上一句：「你這輩子注定『有功無名』！」怎麼會這樣？

當王稱帝的是劉備，鞠躬盡瘁，死而後已的是孔明。原來「孔明命」是這樣的解釋，我的心情頓時盪到谷底，一時說不出話來。算命先生看我像洗三溫暖般的心情變化，忍不住安慰我：「鄭先生，你放心啦，以你這種命格，就算外面景氣再不好，碰到金融大海嘯，你都不會去做勞力的工作，你是靠腦力在賺錢喔！」雖然他補充說明，一直到離開算命攤，我都還是悶悶不樂。不過後來我想開了，轉念了，既然命中注定如此，我就努力當個樂善好施的「孔明」，好好享受我的人生，用我的專業知識和熱情分享，助人助己，寫書也是基於這個理念，想要幫助更多人，培養「有趣有用的銷售超能力」。

2. 問卷

承上所述，金管會要求金融從業人員要 KYC，以避免不必要的投資風險，客戶申訴或是金融犯罪事件發生。於是客戶

被要求填寫類似以下的表格：

✓ 投資適性評估調查表暨風險預告書

✓ 投資人風險屬性分析問卷調查表

✓ 客戶風險屬性評估表

✓ 客戶投資問卷暨投資風險承受度分析

這些調查表有助於理財規劃人員分辨客戶的投資性格是：**保守型**，**穩健型**或是**積極型**。因應不同風險屬性，做不同投資產品的推薦。

3. 血型

讓我們來看看血型的性格分類。

在日本做了一個有趣的實驗：「血型和性格有關嗎？」在小朋友面前假裝不小心打破——老師千叮萬囑交代要小心照顧的重要花瓶。觀察小朋友的直覺反應，來測試不同血型的態度大不同。小朋友宛如一張白紙，還沒受到外面世界的污染，做出來的實驗結果會更貼近血型所代表的原始真性格。

➤ **愛擔心的 A 型**——非常擔心花瓶被打破，而且在花瓶被打破之後，大聲尖叫並毫不猶豫地跑去找老師告狀。

➤ **樂觀的 B 型**——遇狀況很放鬆，還想找「哆拉 A 夢」來把破碎的花瓶修好，不僅口風很緊，還會幫對方找藉口——「都怪拖鞋」。

➤ **富正義感，要求甚高的 O 型**——對犯錯者嚴厲追究，絕不寬貸。有這樣的老闆，皮要繃緊一點就對了！

➤ **事不關己，難以捉摸的 AB 型**——答應了不告訴老師，但老師一出現，就馬上指責打破花瓶的兇手。別怪他們，AB

型的人有時連自己都很難理解自己。

4. 星座

有一張跟星座行銷有關的新聞剪報，我從 2009 年開始，一直用到現在。標題是：「星座電銷奏效，百萬年薪落袋」。保誠人壽和玉山銀行合作，運用「星座行銷術」，讓 1/2 以上的電銷人員年薪破百萬！

這是一種將星座彙整歸納為四大類型的「星座銷售攻防術」，適用於各行各業：

1. 火象星座客戶——包括獅子座、牡羊座、射手座： 個性較為衝動，喜歡被肯定。銷售人員最好多稱讚客戶的優點，維持良好關係，讓火象星座的客戶開心地在得意忘形之下，衝動消費（我是射手座的，我認同）。

2. 對於金牛、魔羯、處女等較為保守理財，精打細算型的土象星座消費者： 就必須務實行銷，提供實際保險理賠案例、說明報表和數字、做競品分析、同業比較、說明產品和服務在市場上的優勢與劣勢。

3. 巨蟹、天蠍、雙魚的水象星座客戶，多屬於聰明消費者： 銷售時不能太急、避免一頭熱地緊迫盯人，必須以交朋友的方式提供意見，讓客戶自己三思而後決定購買。

4. 最後是風象星座，即天秤、水瓶、雙子座的客戶： 愛好自由，個性善變，我行我素，有時說不要，不代表真的不要，業務員必須跟他們打持久耐力戰，才有機會讓風象客戶改變想法，進而購買產品。

如果你學不會：善於察言觀色，同理傾聽，問話回應，深

諳肢體動作表達力,那麼星座調查與解析,對你而言,應該是一個較簡單、易學、好用的工具。以下列出一些星座排行榜,供參考:

➢ **機器人理財排行——(王道銀行 2017 年調查)**

1. 天蠍座: 沉著冷靜,邏輯性,財商最高!

2. 天秤座: 最沒有金錢觀念,重朋友,重享受!

3. 處女座: 精打細算,愛理財,星座中的會計師!

➢ **機器人理財排行——(中信銀行 2019 年調查)**

1. 巨蟹座: 不論在感情或理財上都很重視安全感,對於投資亦是慎思後行。

2. 處女座: 深思熟慮,較追求完美。

3. 天蠍座: 觀察敏銳又有執行力。

➢ **十二星座投資攻略——(全球人壽 2019 年調查)**

❖ **風象星座:雙子座,天秤座,水瓶座**——理智思考型,想得多,考慮久,不易出手。

❖ **水象星座:巨蟹座,天蠍座,雙魚座**——較情感導向,重視家人。

❖ **火象星座:牡羊座,獅子座,射手座**——行動力強,有爆發力,樂觀且陽光。

❖ **土象星座:金牛座,處女座,摩羯座**——較務實和保守。

✓ **最愛買保險的兩個星座:** 天蠍座及處女座。

✓ **最不愛買保險的星座:** 牡羊座

➤ 國泰人壽超業星座排行前三名：處女座，雙魚座，天蠍座（2016 年調查）——

❖ 風象星座的業務員：雙子座，天秤座，水瓶座——極有主張，多元想法，擅於邏輯思考，理性分析，有時會給客戶距離感，欠缺親和感。

❖ 水象星座的業務員：巨蟹座，天蠍座，雙魚座——情感細膩，容易感同身受，贏得客戶信賴。

❖ 火象星座的業務員：牡羊座，獅子座，射手座——一鳴驚人，勇往直前，但堅持度不夠。

❖ 土象星座的業務員：金牛座，處女座，摩羯座——慢熱型，一旦抓到銷售訣竅，業績持久而穩定。

➤ 中國人壽超業星座排行前三名（2016 年調查）

天蠍座的業務員：專業形象有魅力，心思細膩，觀察入微，目標導向，不輕易退縮放棄。

處女座的業務員：細心耐心，服務週到，踏實務實，做事謹慎，溫和有禮，不給客戶太大壓力。

金牛座＆天秤座＆射手座的業務員：腳踏實地，樂觀隨和，熱情且精力充沛。

5.NLP（神經語言學）

NLP 的「解讀線索」（Accessing Clues）是指：人類在思考過程中，無意中流露的外在變化，藉著對這些細微變化的解讀，可以判讀對方的想法，或是對他人當時的思考模式，做出最佳的猜測或揣摩。「解讀線索」有很多來源，最主要是藉由眼睛來解讀，另外是由其呼吸、肌肉張力、皮膚顏色、語調、

節奏….等等來分析對方目前的狀態和想法，有利於溝通或銷售。

《論語‧為政》子曰：「視其所以，觀其所由，察其所安，人焉廋哉？」

孔子說：「看他做什麼事，看他做事的原因是什麼，看他對於做事的感受，分析其動機，觀察其行動，瞭解其態度，那這個人還能夠隱藏或隱瞞什麼呢？」

《孟子‧離婁》：「存乎人者，莫良於眸子，眸子不能掩其惡。胸中正，則眸子瞭焉；胸中不正，則眸子眊焉。聽其言也，觀其眸子，人焉廋哉？」

孟子說：「觀察一個人，沒有比觀察他的眼神更好，更清楚了。眼神沒有辦法遮掩他的惡念，存心正直善良，眼神就明亮；存心邪惡，眼神就混濁不明。

所以只要聽他所說的話，再看看他的眼神，哪一個人還能夠隱藏自己呢？」

日本軟銀集團（SoftBank Group）的創辦人孫正義，當初拿2千萬美元投資默默無聞的阿里巴巴創辦人馬雲時：

「說說你的阿里巴巴吧！」

「我決定投資你的公司，你要多少錢？」

「保持你獨特的領導氣質，這是我為你投資最重要的原因。」

馬雲只說了五分鐘，孫正義就注資兩千萬美金！

孫正義：「因為我感受到他的能量，他的眼裡閃耀著光芒！」

NLP的五感運用：看到（他的眼裡閃耀著光芒），聽到（說了五分鐘），感覺到（我感受到他的能量）！身為業務，你讓客戶看到，聽到，感覺到你的專業，熱情和能量了嗎？

NLP 三類型的溝通銷售策略

NLP 將人分為三大類型，分別是：

➤ 視覺型（眼睛通常往上看，語速較快，「看到」較能影響其購買行為，重視畫面）

面對視覺型的客戶，你必須讓對方看到！提供數字、報表、文字、描繪美好的願景和畫面，最好準備紙筆，畫給客戶看；說話要有邏輯，歸納能力，強調重點，強化你所提供產品或服務的差異化、獨特性、及最大的效益。

➤ 聽覺型（眼睛通常往中間看，語速適中，「聽到」較能影響其購買行為，愛聽故事）

你可以多述說他人的見證，講些真實或動人的故事和隱喻來打動客戶，聲調節奏力求豐富，多變化。

➤ 感覺型（先談心情，再談事情！眼睛通常向下看，碰觸較能影響其購買行為。語速較慢，重視感覺）

感覺型的客戶比較重視感覺，重視 fu，你最好放慢說話的節奏和速度、用肢體適切地碰觸對方（一定要非常確定對方是感覺型，再這麼做。要是碰觸到視覺型的人，你可以試試看他跑掉的速度有多快。），幫助他做決定。要多表達關心、同理心、適時地讚美「感覺型的客戶」，讓對方覺得自己是被需要的，他會更有購買的感覺喔。

📌DISC 的五大動物性格分析

我們為何要學習 DISC ?

➤瞭解自己，發現自己——是人生的重大課題，要花一輩子去修這門課！

➤沒有最好的，只有最適合的！

➤孫子謀攻篇：「知彼知己，百戰不殆」！

➤不用讀心理系，當心理醫生，就能運用的讀人術！

➤電影阿凡達（Avatar）中，有一句很有名的台詞：「I see you！」意思不只是字面上的：「我看到你。」而是更深層地讓對方知道：「我能感受到你的存在，你的內心，你的想法，你的需求，我了解你，信任你」這句話讓彼此關係更緊密。

銷售也是如此，若是你能對客戶說聲：「I see you！」，你和超業之間的距離，就非常近了！

古希臘人的「希波克拉底誓言」（Hippocratic Oath）中，提到希臘的四種元素包括了：火／風／水／土。瑞典心理學家卡爾・榮格（Carl Jung）將其對應到人類的行為，可分為四種類型：感覺型／直覺型／情感型／思維型。1920 年代的美國心理學家威廉・馬斯頓（William Marston），在其「常人之情緒」（Emotions of Normal People）一書中寫到：人類行為和情緒反應，主要來自於四項重要因素：

1. 支配（Dominance）：老虎型特質——積極自信果斷，競爭力強大的權威領導者。

2. **影響（Influence）：孔雀型特質**——能言善道，辯才無礙，熱情幽默的社交高手。

3. **穩健（Steadiness）：無尾熊型特質**——敦厚溫和，非常有耐心的聆聽支持者。

4. **服從（Compliance）：貓頭鷹型特質**——條理分明，性格內斂的完美主義者。

DISC 小測試題庫

☆DISC 小測試大啟示

每題 2 分，10 題共 20 分：

一、在同事（同學）眼中您是一位？

　　1. 積極、熱情、有行動力的人。

　　2. 活潑、開朗、風趣幽默的人。

　　3. 忠誠、隨和，容易相處的人。

　　4. 謹慎、冷靜、注意細節的人。

二、您喜歡看哪一類型的雜誌？

　　1. 管理、財經、趨勢類。

　　2. 旅遊、美食、時尚類。

　　3. 心靈、散文、家庭類。

　　4. 科技、專業、藝術類。

三、您做決策的方式？

　　1. 希望能立即有效。

　　2. 感覺重於一切。

　　3. 有時間考慮或尋求他人意見。

　　4. 要有詳細的資料評估。

四、職務上哪種工作是我最擅長的？

1. 以目標為導向，有不服輸的精神。

2. 良好的口才，能主動地與人建立友善關係。

3. 能配合團隊，扮演忠誠的擁護者。

4. 流程的掌握，注意到細節。

五、當面對壓力時，您會？

1. 用行動力去面對它，並且克服它。

2. 希望找人傾吐，獲得認同。

3. 逆來順受，儘量避免衝突。

4. 重新思考緣由，必要時做精細的解說。

六、與同事（同學）之間的相處？

1. 以公事為主，很少談到個人生活。

2. 重視氣氛，能夠帶動團隊情趣。

3. 良好的傾聽者，對人態度溫和友善。

4. 被動，不會主動與人建立關係。

七、您希望別人如何與您溝通？

1. 直接講重點，不要拐彎抹角。

2. 輕鬆點，不要太嚴肅。

3. 不要一次說太多，要給予明確的支持。

4. 凡事說清楚，講明白。

八、要完成一件事情時，您最在意的部份是？

1. 效果是否有達到？

2. 過程是否快樂？

3. 前後是否有改變？

4. 流程是否正確？

九、什麼事情會讓您恐懼？

　　1. 呈現弱點，被人利用。

　　2. 失去認同，被人排擠。

　　3. 過度變動，讓人無所適從。

　　4. 制度不清，標準不一。

十、哪些是您自覺的缺點？

　　1. 沒有耐心。

　　2. 欠缺細心。

　　3. 沒有主見。

　　4. 欠缺風趣。

　　請花約 2~3 分鐘的時間，用直覺回答上面 10 題，每題兩分，滿分 20 分。最好兩分都給同一個選項，除非萬不得已，兩個選項難分軒輊，就各給一分。這不是學測考試，請用直覺做判斷，最準！最後我們要看看這 10 題的 1~4 選項，加總後各得多少分？

　　1（　　）：

　　2（　　）：

　　3（　　）：

　　4（　　）：

　　請在每個選項的冒號後面，用「正」字計算每一題的分數，最後將加總的分數，寫在每一項的括號內。看看你是哪一種動物的人格類型，分數最多的就是了。可能會有兩個選項同分且最高，甚至四個選項都同分的也不用覺得奇怪，一種米養

百種人，每個人都是獨一無二的。

分數最多的 1、2、3、4 選項，分別代表著：D 型，I 型，S 型，C 型四種人格特質。

D 型──支配 * 掌控 * 領導型（Dominance）：指揮者、追求權力──代表實踐力、果斷力、支配、管理、目標導向、熱愛壓力及挑戰，勇往前行衝衝衝，適合創業者，企業家及管理階層，老闆或主管大多是這一類型。（以事為導向）**代表動物：老虎。**

I 型──影響 * 互動 * 公關型（Influence）：社交者、追求舞臺──專注於人際互動、善於運用群眾魅力、富創意，喜愛分享交流，因此很適合從事業務，廣告、企劃、公關，講師或主持人等需要高度社交協調的工作。（以人為導向）**代表動物：孔雀。**

S 型──穩健 * 支持 * 專業型（Steadiness）：協調者、追求穩定──不安於改變，但也因此有最佳的持續能力，就算遇到情勢有重大變化，也會堅守崗位到最後一刻，值得託付。另外，無尾熊最有耐心且善於傾聽，不喜逞強鬥狠，愛好世界和平，通常是企業或組織內，很重要的穩定力量。公司內勤同仁或公務員大多是這一類型。（以人為導向）**代表動物：無尾熊。**

C 型──服從 * 修正 * 分析型（Compliance）：思考者、追求資訊──貓頭鷹相當精明，善於思考與規劃，很適合做幕僚的工作，譬如：法務，財務，稽核人員。又像是工程師，律師，會計師，科學家等行業的人，滿腦子都是數學公式，科學理論，六法全書，及財務報表，他們有著貓頭鷹式縝密的邏輯能力，重思緒，講證據，具有強大的問題分析解決力。（以事為

導向）**代表動物：貓頭鷹。**

　　西遊記裡的四個主角所組成的取經團隊（Power-Team），剛好呼應到DISC的四種動物性格——老虎，孔雀，無尾熊，貓頭鷹。試想，西遊記中，是誰神通廣大地一個觔斗雲便能翻出十萬八千里？十萬火急的性格——大師兄孫悟空總是走在最前面，擋在最前端，剋敵致勝，號稱「齊天大聖」，宛如創業家，什麼也不怕～像極了一隻大老虎；

　　二師兄豬八戒，好吃懶做，但口若懸河，每次都靠那張嘴，說服打動師傅唐三藏唸緊箍咒，來處罰無辜但嘴巴硬、有個性的大師兄孫悟空～像極了孔雀；

　　又是誰總站在大師兄和二師兄中間，苦勸他們別打了？除了那匹龍馬，行李大多由三師弟沙悟淨扛～像極了不與人爭，任勞任怨的無尾熊；

　　不畏懼十萬八千里路之遙，歷經九九八十一個磨難的艱辛，無論腦中或嘴中滿滿都是佛書經文，一心只想去西方取經，執念甚深的唐三藏～像極了一隻標準的貓頭鷹。

　　正因為這四個主角分屬不同動物的性格，才能組成這樣互補互助的強大團隊，最終取經成功，修成正果。話說唐三藏師徒歷經千辛萬苦，終於西方取經成功，光榮地回到中土大唐，唐太宗即刻召見嘉勉。

　　唐太宗問：「三藏法師辛苦了！你覺得今天取經成功，你靠的是什麼？」

　　唐三藏回答：「我靠的是堅定的信念，只要活著，就有希望，所以我能取到真經！」

　　接著又問孫悟空：「那你靠的是什麼？」孫悟空說：「我靠

的是能力和猴脈！遇困難時，我從不推拖，會立即處理，把擋在西方取經之路上的大石頭搬開，讓師傅和師弟順利過去。每當我沒辦法的時候，我會運用猴際關係，找到天兵天將，眾神仙來幫忙，借力使力不費力。」老虎型的創業家或主管，通常人脈廣，關係好，就像孫悟空一樣神通廣大。

然後問到豬八戒：「你好吃懶做，本事不夠，又常臨陣退縮，意志不堅定，你怎麼還能成功？」豬八戒不好意思地回說：「我很會說話，善於察言觀色，而且我選對團隊。師傅（老闆主管）喜歡聽我說，大多時間都聽我的意見（做公關行銷）；師兄負責收妖除魔（做業績的超業）；大小雜事都有師弟幫我做、幫我扛（做內勤行政）。西天取經一路有人帶，有人教，有人幫，怎能不成功？」

最後問沙和尚：「你這麼老實，常被豬八戒欺負，怎麼最終也能成功？」

沙和尚直率地說：「我努力追求並維護團隊的關係融洽，合作愉快；打從心裡尊重師傅和師兄；我就是簡單、相信、聽話、照做！」

從西遊記的四個主角，了解 DISC 的核心價值——原來「成功」的關鍵，就是要找到自己的「定位」，知彼知己，適才適用，如魚得水，事半功倍！你學會了嗎？

從業務銷售的角度來看，你未必要經營高資產客戶，一樣能成為超業！不是每個人都要或都能經營高資產客戶，幫自己做好銷售顧問的角色定位，才是重點。

保險公司每年舉辦績優出國的海外高峰會，有的超業光簽

一張儲蓄險大單，年繳一百多萬的保費，就可以獲獎出國；但也有人每天一早 5:30 就去菜市場拜訪客戶，收保費，賣保單，而且專賣醫療險，讓客戶的醫療保障更完善。每張一、二萬元的醫療險保費，賣出 100 多張，同樣可以績優出國，受到大家不打折扣的尊敬和掌聲。無論如何，堅持努力，成功定位自己——你就是超業！

光是取書名，也可以從 DISC 四種動物性格的喜好來做區分，以我這本書為例：

➤ 老虎型喜歡的書名：**超業聖經、超業思維、超業寶典**（大氣，霸氣，非我莫屬，唯我獨尊的自信！）

➤ 孔雀型則偏好：**超業百寶箱、超業懶人包、超業大補帖**（多元有趣，簡單明瞭，內容豐富百變！）

➤ 無尾熊型比較愛：**超業 SOP、超業守則、超業教戰手冊**（按部就班，一步一步來，穩字訣，以不變應萬變！）

➤ 貓頭鷹型鍾情於：**超業筆記、超業心經、超業策略**（談觀念，講重點，有邏輯，定架構，不急不徐，有備而來的概念！）

由以上所述，你看出 Leader 是哪一型了嗎？

我們再來看看 DISC 的代表人物，幫助你更理解這四種代表不同性格動物的差異點：

1. 以事為主，較理性，主動外向，目標導向的老虎：

鴻海創辦人郭台銘、阿里巴巴創辦人馬雲、蘋果電腦公司創辦人賈伯斯（Steve Jobs）、籃球大帝麥可喬丹（Michael

Jordan）、已故 NBA 巨星科比布萊恩（Kobe Bryant）、華為創辦人任正非、美國前總統川普（Trump）、特斯拉創辦人馬斯克（Musk）、復仇者聯盟的雷神索爾和薩諾斯（滅霸）。

看過電影「葉問2」嗎？有一幕精彩對話讓人印象深刻：葉問為了徒弟們在教學場所被洪門的人騷擾，來找洪師傅理論。洪師傅覺得葉問缺乏同理心，又不遵守規矩，不繳保護費，自己問心無愧，甚至還要找葉問比個高下，分出勝負，葉問被迫應戰，拳腳不長眼，兩人差點誤傷到洪師傅的小兒子，他太太帶著六女一男的兒女，正要準備出去吃飯。這時，葉問把洪師傅的兒子抱起還他，並說：**「洪師傅：你認為分勝負重要？還是跟家裡人吃飯重要？」**洪師傅感受到葉問的誠意和善意，默然接受，如此就化解了一場衝突。請問：洪師傅算是 DISC 的哪一型呢？他是洪門的掌門人，又兼任武術職業公會的理事長，是隻大 D（老虎型）。對於老虎型的溝通或銷售，最好不要用教導的方式，而是給他有選擇，讓他自己選。所以不是跟他說：「我覺得：跟家裡人吃飯，應該比我們分出勝負更重要。」而是用二擇一的方式問他，讓他做自己的主人，老虎型會比較能接受你的建議。

台積電的創辦人──張忠謀董事長是哪一類型的人呢？他是美國史丹佛大學的電機博士，專業工程師的背景，應該是「貓頭鷹型」的理性人；一手創辦台積電，呼風喚雨數十年，絕對也有「老虎型」唯我獨尊的領導性格；但他娶了兼具畫家與藝術家身份的張淑芬女士，潛移默化中，增加了「無尾熊型」親切溫暖的特質。

舉例來說：他從台積電退休時，如同肯德基爺爺一樣親切

地跟員工說:「我會常常回來看你們！」（無尾熊特質），隨後又補了一句:「但要你們來邀請我喔！」原始的老虎性格,一覽無遺。由此可知:人,是可以改變的,但需要**覺得**,**覺察**和**覺醒**,才會越改越對。

2. 以人為主,較感性,主動外向,關係導向的孔雀:

超業,講師或主持人,例如:吳宗憲、小 S、陶晶瑩,或是復仇者聯盟的鋼鐵人。

對了,還有現任美國總統拜登（Joe Biden）。這不是我說的,是他的前老闆,美國前總統歐巴馬（Obama）在其自傳書「應許之地——歐巴馬回憶錄」中描述:「如果我被視為沉著鎮定,用字遣詞嚴謹的人（貓頭鷹型）,那麼拜登一定是一位熱心沒架子,不放棄任何可握的手,樂於分享理念與想法的人」

歐巴馬說:「一場演講如果限定 15 分鐘,拜登至少會講到半小時以上;如果限定半小時,那就無法預估他會講多久了。」拜登強調農曆過年期間,他跟習近平通了近兩個小時的電話。對方就算想掛電話也不好掛,總要賣新任美國總統的面子。孔雀,就是愛說話!

3. 以人為主,較感性,被動內向,關係導向的無尾熊:

第一名模林志玲、復仇者聯盟的美國隊長、金馬影帝梁朝偉、偶像劇《命中注定我愛你》中的便利貼女孩。

4. 以事為主,較理性,被動內向,目標導向的貓頭鷹:

律師出身的美國前總統歐巴馬、愛因斯坦、愛迪生、陸劇「琅琊榜」的主角梅長蘇、復仇者聯盟中,變身前的綠巨人——科學家班納博士。

最後要介紹 DISC 四種動物的綜合體:變色龍。

「變色龍」是指：在某個特定的時間點，展現特定的銷售或談判風格，融入環境，配合場所的調性和氣氛，跟對方打成一片，建立親和與信任，比較好談，也比較好賣！針對不同的人格特質有不同的應對方法，面對不同的客戶，要隨時切換說法或戰術，用對方法才能讓銷售談判更順利進行。

變色龍型特質——適應力強，靈活彈性，「見人說人話，見鬼說鬼話」的百變天王！

美國前總統川普是個成功的大商人。他曾說自己是一個變色龍型的銷售談判高手：為達目的，創造高業績，超有彈性，說話因人而易，善於親和感建立，贏得對方好感及信任感，並順利完成談判協商，建立雙贏。變色龍會因應銷售談判環境，改變銷售談判風格，非常厲害，值得學習！

DISC 的「銷售與服務之道」

DISC 的銷售大補帖——做個聰明有彈性的「銷售變色龍」！對症下藥，投其所好：

「D」（老虎型）傾向的人如何做行銷／銷售？

針對同類「D」：

他快你也快！「D」要的是重點和結果（結論），這也是你性格特質的基本特徵。用成熟的「D」對待對方，應該沒太大問題。

針對異類「I」：

「I」喜歡跟自己一樣熱情洋溢的人，要談他感興趣的話

題。「I」說話時的主題經常跳來跳去，要習慣他的模式。談話內容沒什麼重點沒關係，只要「I」喜歡你，他會主動問你賣什麼產品或服務？對於喜歡的人，「I」就是要挺，什麼都買，什麼都不奇怪。

針對異類「S」：

要注意「S」不像老虎跑得那麼快，必須像帶領新手上路一樣，一步一步地讓他瞭解。他需要大量的資料，雖然「S」不一定看，但要盡量滿足需求。對「S」要相當有耐心，因為他做決定比較慢，當「S」覺得有安全感和親和感時，就會購買。

針對異類「C」：

「D」跟「C」可以就事論事，但他沒有你那麼快。「C」對結果很關注，也重視導致這個結果的證據和數據。「C」需要時間及數據分析前因後果，經過再三比較確認後，才會做決定。

「I」（孔雀型）傾向的人如何做行銷／銷售？

針對異類「D」：

「D」對於「講笑話、聊家常」沒什麼興趣，也沒什麼耐性。他要的是：「重點與結論」。跟「D」談話要直接了當。用成熟穩重、專業肯定的語氣，簡單扼要地說明「關鍵點」就好。如果「D」想知道細節，他會主動問，回答要直接，講重點就好。如果你覺得需要解釋，先徵求他的同意再說。「D」做決定比較快，狠，準。

針對同類「I」：

「I」對「I」的銷售溝通應該沒什麼大問題，聊聊愉快好玩的經驗或話題，但不要忘了：要有意無意地往銷售的方向和議

題前進，否則就是徒勞無功的純聊天而已。

針對異類「S」：

「S」重視人的感覺，但對他不宜太過熱情，免得他不知道如何面對回應。給他資料，提供售後服務的保證，讓「S」覺得安心、放心、有信心。要一步一步引導他，慢一點，不要急，讓「S」有時間和空間作決定，否則就容易嚇跑他，一去不回頭。

針對異類「C」：

請注意！這會是你最難搞定的銷售對象。「C」非常不能接受「I」飛來飛去的「花蝴蝶銷售模式」，要調整到「C」檔，對你而言是滿困難的。「C」要求邏輯、證據，數字，圖表……注意你給的數據，最好經過相當的驗證再提出。小數點愈多愈好，要用「C」的沉穩語氣，精準論述加以解釋說明，他想買的時候，會跟你再查證細節。

「S」（無尾熊型）傾向的人如何做行銷／銷售？

針對異類「D」：

「D」非常有自信和主張，千萬不要被他嚇到了，要表現得非常自信。「D」不會把你吃掉，但他們不喜歡無力的，軟趴趴的人，一旦看到你沒有自信，「D」對你要賣的東西，就不會有什麼信心和興趣，懶得理你。請把你的步調調快一點，語速加快，聲音語調調高些，做出堅定自信的手勢，注意重點與結論，成交的機會就會提高。

針對異類「I」：

「I」喜歡講好玩的、有趣的、新鮮的人和事。讓他多說，你專心聽就好，不時點頭給個讚，表示相當肯定，你們是同一

國的。當「I」喜歡你時，會主動提問，那時再仔細說明就好。或是當對話已經接近你的銷售議題時，便可適時提出說明。

針對同類「S」：

「S」們的互動應該沒有什麼問題，但一定要鼓起勇氣，問對方要不要買，誠懇地給對方銷售建議，對方會有感覺的，千萬不要不好意思問，錯失商機！

針對異類「C」：

「C」重視數據、推理、邏輯、架構、精準、分析，用這些原則來準備資料。不要為他們的「斤斤計較」，「錙銖必較」而不高興，他們是靠這些特質或專長過活的，嫌貨才是買貨人，若是沒興趣的話，「C」根本就懶得理你。如果你讓他們覺得「準確」、「有秩序」、「有條理」、「有道理」、「有根據」的話，那你已經成功一大半了，記住，一定要堅持下去喔！

「C」（貓頭鷹型）傾向的人如何做行銷／銷售？

針對異類「D」：

「D」是重視速度、結論和效率的人，不喜歡囉嗦。跟他說明商品時，先談利益、答案與結論，有興趣的話，他會繼續追問。不必要的細節和數據，「D」沒有問，就不需要主動多加說明。如果你覺得有部份內容一定要說明，最好先徵求對方同意再說，讓他主導整個談話內容就對了。

針對異類「I」：

「I」喜歡談好玩、有趣、新鮮的話題，所以你最好習慣，並要表現出很有興趣的樣子，雖然這對「貓頭鷹型」的你來說，並不容易。「I」不喜歡數字、硬生生、沒有感覺的東西，要讓他感覺好，喜歡你，就會挺你，你才有銷售成功的機會。

針對異類「S」：

「S」重視感受，先跟他聊聊天，話家常，熱熱身，再切入主題也不遲。步調不要太快，讓他們覺得有安全感，再一步步帶領，給予適當的證據與數據。

針對同類「C」：

「C」是您最好的客戶，同樣重數據、邏輯、分析、條理，通常應該相談甚歡。但有一件事要避免：就是跟他比「誰更精準」？

「好吃溏心蛋」的銷售理論

為了健康，我在年初進行了一項「45 天的自我健康管理」，健康食譜規定：至少每天早上都要吃一顆水煮蛋。我一向不愛吃太熟的蛋，於是我不斷嘗試，想要煮出半生不熟的溏心蛋。歷經 100 顆以上失敗或不穩定的水煮蛋經驗後，我終於研究出「好吃溏心蛋技巧」，與你分享，也算是本書的附加價值。（以下是原則，僅供參考，依個人喜好調整）

1. 將鍋子放滿生雞蛋（依鍋子大小不一，通常 6~7 顆）。
2. 把水加滿至完全蓋住生雞蛋。
3. 開大火計時煮 7 分鐘。
4. 轉小火計時再煮 2 分鐘。
5. 關火靜置鍋中 1~2 分鐘。
6. 將蛋放進另一個放滿冷水的容器冷卻。
7. 剝蛋殼，大功告成。

好吃溏心蛋理論：

➤ 火太大或煮的時間太久——太熟太硬不好吃；

➤ 火太小或煮的時間太短——像在吃生雞蛋，不夠健康，而且蛋殼很難剝，耗時又費力，結果把蛋剝得體無完膚，慘不忍睹。

➤ 剛剛好的火候和時間，半生不熟，好吃好剝，省時省力。講到這裡，你會不會想要馬上去煮幾顆溏心蛋試試呀？

銷售和煮溏心蛋一樣：

1. 就算是同一盒蛋，同一鍋蛋，同樣的火候和節奏，每個水煮蛋的結果也不盡相同，跟你的客戶一樣。但按照銷售的原理原則，技巧方法去做，八九不離十，剩下的就是：銷售經驗和學習成長的累積；

2. 要不偏不倚，不卑不亢，不強不弱，不疾不徐，掌握火候（銷售力道的強度）和節奏（銷售時程的快慢與進度）——「適度」為上策！

就像 DISC 的老虎要求「快速有效率」，但無尾熊總是「慢工出細活」，均衡一下，就是「適度」的銷售！「剛剛好」——是智慧的展現，也是經驗的累積或傳承。

DISC 的服務懶人包

D 型人喜歡／期待的服務：

➤ 更完整的說明，包括：解說與證據。

➤ 較快且有效的節奏。

➤ 節省時間，省去不必要的手續。

➤ 看到立即改善的成果。

➤ 能主導整個過程。

➤ 和 D 據理力爭是一件吃力又不討好的事情。

➤道歉與感謝，讓彼此的溝通可以更有效順利。

➤完成服務後，再寄一張由公司高層長官署名的信函給 D，表示感謝與尊重。

I 型人喜歡／期待的服務：

➤得到注意，要重視他所碰到的狀況，千萬不要對他不理不睬。

➤如果能夠立即改善或換貨的，不要拖延。

➤認同他的問題，表示已向公司或廠商反應，而大多數的情形均有所改善。

➤保持溫暖、關心與熱情的笑容。

➤不要試著在言語上勝過他，讓他得到口頭上的勝利。

➤快一些的應對節奏，表現負責到底的態度。

➤記住他是較情緒化的，有時讓他好好發洩一頓是好事。

➤隨時讚賞他們是難得的客戶。

S 型人喜歡／期待的服務：

➤誠心表示：他不是造成問題的主因！

➤對他承諾：這些問題會很快地減少。

➤不厭其煩地提醒產品或服務應注意的事項。

➤不要推卸責任，要很有耐心地聽他說。

➤祝他使用愉快，並請他代為問候家人，期待下次再度光臨。

➤保持聯絡，瞭解他的使用情形。

C 型人喜歡／期待的服務：

➤讓他覺得他的看法是正確的，因為他很怕被批評。

➤向他解釋過程及細節。

➤ 對於他的精確及心思細密，表示肯定與讚賞。

➤ 以「思考者」最關心的事和問題來回應他。

➤ 保留他的「面子」！

聽聽，看看，想想！模擬一下──看你是哪一型？（揣摩一下不同的表情和聲音語調。）

❖ 這件事，你自己看著辦！（老虎型）

❖ 嗨你好，很高興認識你！（孔雀型）

❖ 你放心，有我在！（無尾熊型）

❖ 這件事，我們再做評估研究！（貓頭鷹型）

孫子兵法說:「知彼知己，百戰不殆」── Leader 的「識人三要」：

➤ **要以敏銳的觀察去了解彼此！**

➤ **要以開放的心態去接納彼此！**

➤ **要以彈性的方式去對待彼此！**

☆性格決定命運，要努力掌握自己天生的優勢！

☆瞭解自己，為自己負責！

☆不隨便幫別人貼標籤！

☆保有自己，適應別人！

學習完這些幫助我們知彼知己的工具，你是否信心大增？想趕快去找客戶來驗證一下，看看準不準？這裡沒有「一分鐘讀心術」，也沒有「三分鐘成交術」，更不會教你「30 秒就搞定你客戶」。這裡只有集結了 Leader 人生經歷和不斷努力學習的「聰明識人術」──「知彼知己，DISCovery」！

切記：所有的性格分類，都沒有好壞對錯，但每個人都可以藉由學習，認識自己和別人的本質及差異，逐步調整改進，每天進步一些，比「昨天的自己」更好，更快，更圓融，更超業！

第四講

如何打開客戶的心門

✛打開客戶心門的 8 把鑰匙

有一次去台南市一間大型農會講銷售課程，主題是：「如何打開客戶心門？」

當我按照慣例要大家猜猜看大悲禪寺門口那四個大字——「來此做甚」時，如同其它大多數的課堂一樣，現場陷入一片死寂。過了約 30 秒，總算有人回應了，原來是農會總幹事。他說：「鄭老師，今天下午不用多，我只要他們學會兩個字就好。」這兩個字不是「銷售」，也不是「達標」，更不是「熱賣」，而是「開口」！赫然發現：原來農會行員大多數都認為：對農民銷售保險，是種欺騙的行為，常常開不了口，說不出嘴，就像多年前我在銀行講課，理專都不願意賣保險一樣，顯然這問題很大。要打開客戶心門前，你得先把自己的心門打開，真真切切地相信你的產品能幫助客戶，否則怎麼銷售？有一句廣告台詞說得好：「信任，帶來新幸福！」——相信，就是一種力量。

打開心門輪

微笑
親和
故事
同理
創意
提問
價值
需求

打開客戶心門的八把鑰匙——打開心門輪！

請先在紙上畫個圓，再劃四條線將這個圓均分為八等份，四條線交會點就是圓心，在圓的外面寫出以下八把鑰匙，分別是：

微笑、親和、同理、提問、

需求、價值、創意、故事

圓心是 0 分，圓周是 10 分，0 分到 10 分，你幫自己打幾分？連接這八點所形成的圖案，就是你的「打開心門輪」。又大又圓，就代表你能跑得又遠又快，輕鬆打開客戶的心門。每個客戶的心，都像上了鎖的大門，任憑你拿著再粗的棍子或鐵棒也撬不開，只有＿＿＿＿（答案很多，自行填空）才能華麗轉身為精緻的鑰匙，把門打開，進入對方的心中，做好銷售工作。

📌建立親和＆提升自信——一笑解千愁

經常微笑——

卡內基「溝通與增進人際關係」守則第五條 ——經常微笑！用微笑打開客戶的心門，客戶一笑，春天就來了！同時，微笑也可以提升自信，展現活力。一位具有 15 年經驗的保險電銷天后 Kelly 在我的課堂上分享她的超業故事：

客戶一早接到她的電話，就破口大罵：「妳不要跟我講保險！」客戶的態度很凶，嗓門很大，她有點吃驚，但還

是保持專業形象，帶著微笑地回應：「李先生，真不好意思耶！我是保險電話銷售專員，不跟你講保險，那…我要講什麼呀？」我想：她應該是真的不知道要講什麼，銷售課的「拒絕處理」可能也沒講到這一題，只能憑當下的直覺回應客戶。沒想到，客戶竟然笑了，而且笑得很大聲，很開心，彷彿很久沒笑過了！即使用電話，客戶也聽得出電話另一端的親切微笑，Kelly 用微笑融化了客戶冰封的心。最終，這通電話成交了一張保單！這告訴我們：所有的即興演出，臨場反應，都是平常千錘百鍊，千瘡百孔的經驗累積。做個有趣有料的人，客戶自然就會喜歡你！

親和感的建立與維護

NLP 定義下「有效溝通者」的特質，包括了：

➤ **親和感**：建立並維護自己和他人和諧一致的互動。

➤ **明確的目標／結果**：是動態的方向指引，而不只是靜態的經驗。

➤ **感官的敏銳**：瞭解他人的反應，並知道何時目標已達成。

➤ **彈性的行為**：每個目標至少有三種以上可達成的替代方案。

所有的努力，都是為了增加「彈性的行為」！

人與人之間，存在著一種和諧、互信、親切、尊重、喜愛、彈性、輕鬆、愉悅、同頻、一致的感覺或氛圍，就是「親和感」。兩個人的互動，可算是一個系統，改變其中一個，通

常會牽動另一個，而改變別人最好的辦法是──從改變自己本身做起！

自己本身擁有足夠的彈性，能去契合他人，就是建立親和感的基石。而「建立親和感」常常是克服別人抗拒或拒絕的最佳辦法之一。有時，你的服務其實未必到位，但客戶喜歡你，欣賞你，覺得相處起來很輕鬆自在開心，很有親和感，就會誇你的服務好，不是嗎？

除了上述的「經常微笑」，可以建立親和，「模仿對方」，也是一種不錯的方式。「建立親和感」不僅可以呼應對方，更可以引導對方往預定目標前進。大多數人喜歡跟自己相像的人在一起（人以群分，物以類聚），這是一種潛意識，也可以說是「吸引力法則」。「模仿」（調頻共振）是建立親和的重要技巧，模仿三要素包括了：

文字語言──單字、詞彙、語句……

聲音語調──語速、節奏、口音……

肢體動作──表情、手勢、肢體……

做法：

1. 肢體映現──直接映現（對方用右手撐住下巴，你也跟著照做）、間接映現（對方摸鼻子，你摸耳朵；對方舉右手，你舉左手）

2. 口語契合──契合對方的聲調、語氣、心情。

英文單字「like」有兩個意思：一個是「喜歡」，一個是「相像」。這很有意思，似乎也說明了：人們「喜歡」和自己「相像」的人。舉例來說：美國 2021 年卸任的前總統川普，在

第一次競選總統時，刻意模仿已故共和黨前輩——美國前總統雷根（Reagan）——美國人心目中最偉大的總統之一，果然為他爭取到不少懷念雷根總統的選票。

這證明：模仿可以建立親和，親和感可以打開選民的心門，當然也可以打開客戶的心門！

♟ 將心比心，同理傾聽——客訴處理的「倚天劍」與「屠龍刀」

全球首富——亞馬遜的 CEO 貝佐斯（Bezos）說過：「拜登當選美國總統，代表：正直，團結和同理心。」我不確定拜登是否正直？當選後美國人是否會團結？但從拜登在選後對共和黨選民的溫情喊話，可以感受到溫度，嗅到同理心，看到說服力。

拜登說：

「對投票給川普的諸位來說，我明白你們今晚的失望。」

「我自己也吞過兩次敗選，可是現在我們該給彼此一個機會。」

「現在是互相傾聽的時刻。該是時候放下尖酸言詞、緩解緊張、再次看到彼此、再次聆聽彼此，一起向前進。」

「我們必須停止把對手當成敵人；他們不是敵人，而是美國同胞。」

「聖經教我們：萬事均有定時，這將是團結、和解與重建的開始。」——

拜登善用同理傾聽的技巧，訴說更崇高的動機，藉由上帝

助他一臂之力，善用宗教團結融合的力量，值得學習。

以下，我們來看看房客和房東，客戶和業務員之間的「真心話大冒險」——

❖ 房客和房東重談租約時的對話，各自心中的真實想法：

房客：租金已經很高了！
房東：房租好久沒有調漲了！

房客：什麼都漲，我實在沒辦法負擔更高的租金了！
房東：什麼都漲，我需要多點房租收入來貼補家用！

房客：這房子早就該重新油漆了！
房東：他把那房子搞得狀況很糟！

房客：我有一些朋友的房子屋況跟這差不多，租金還更便宜！
房東：我知道有些類似的房子租金更高！

房客：像我這樣的年輕人付不起這麼昂貴的租金！
房東：他這種年輕人就只會製造噪音，不懂得愛護房子！

房客：這種沒落區域，房租應該要調降！
房東：我們做房東的，就該提高房租，好維護周遭居住品質！

房客：我是個好房客，不養貓狗的！
房東：他音樂老開那麼大聲，我都快瘋了！

房客：哪次她開口，我不是馬上繳房租！

房東：我不跟他要，他從不主動繳房租！

房客：她真是冷淡無情，從不問我生活細節！

房東：我是很貼心的房東，從不打探房客隱私！

　　以上的內容，是哈佛大學談判教授所舉的例子，重點在提醒我們：站在對立的雙方，溝通是不容易的，而「同理心」是有效溝通的關鍵！不換位思考，你很難真心地同理對方。以我自己為例，大學讀政大時，我住頂樓加蓋的房子，房東常常喝醉酒來跟我要房租，我只好跑去政大圖書館找三位室友收房租，再交給房東。當時我總覺得房東很不通情理，跟我們這些窮學生計較。但現在想想，我們好像從來沒有主動繳過房租，絕對不是故意的，就是不記得哪天要繳房租，總是會忘記。可是，每當連載漫畫本出刊時，室友們都會記得要買一本回來，大家一起看。這例子告訴我們：立場不同，關注的焦點也不同，換位思考──沒那麼簡單。

　　❖ 客戶和業務員的對話，各自心中的真實想法：

客戶：我需要一位專業，誠信，可靠，實在的業務員。

業務員：我是公司銷售能力最強的，業績最好的超業！

客戶：你只要告訴我事情的重點就好了，有話請直說。

業務員：要把握每一次跟客戶交流的機會，好好展現我的專業和熱忱！

客戶：為什麼這產品現在非買不可？

業務員：這是公司本季首推的重點商品，無論業績通算或

是利潤反饋都是最高的！

客戶：當我無意購買時，請不要向我施壓，這樣很煩人！

業務員：客戶很少不說 No 的，他們不知道這產品對他們的好，而拒絕處理正是我的強項！

客戶：告訴我一個「跟我處境或背景需求類似的成功案例」！

業務員：公司的客戶都很滿意我們推薦的產品專案。

客戶：告訴我「為什麼這個產品最適合我？」

業務員：我善用公司提供的客戶分類工具，將產品和客戶做有效精準的配對！

客戶：說話要前後一致，別把我搞糊塗！

業務員：他的需求前後不一致，真的很難捉摸！

客戶：業務員賣產品時，應該要讓我覺得自己很特別。

業務員：這是公司目前最受歡迎的熱賣產品！

客戶：要我花這麼多錢，你得向我證明這價格是合理的。

業務員：這價格已經很優惠了，價值遠大於價格！

客戶：你會提供什麼樣的售後服務？

業務員：能否幫我轉介紹像您一樣優秀的客戶？

看吧——客戶和業務員是不是各有立場和想法？「換位思考」，知易行難！

問問自己，你是否有一顆火熱的心，但經常缺乏智慧的言語，適得其反，傷人傷己。要打開客戶的心門，「同理傾聽」

真的很重要。以下讓我們來做幾個練習題：

1.「我兒子每天早上都叫不起來，用幾個鬧鐘都沒用，老師打來說他是班上的遲到大王，我都不敢再接學校的電話了！」朋友這樣抱怨，你會怎麼安慰他？

「拜託！你兒子算不錯的了，我兒子在學校天天打架鬧事，我這學期都不知道去學校幾次了，你要惜福啦！」

2.「我每天有做不完的事，連續好幾天沒有午餐時間，提案莫名被改了好幾次，老闆還叫我再繼續加油，我還不夠努力嗎？」同事這樣抱怨，你會怎麼跟他說？

「別再抱怨了，我比你還慘！不然你去跟老闆辭職呀，你有種試試看！」

3.「我一想到要去拜訪那位很難纏的大客戶，就感覺很緊張，肚子絞痛，冷汗直流，真的很不想去！」同事這樣抱怨，你會怎麼安慰他？

「你不想去，那把客戶給我呀，我去！拜訪大客戶誰不會緊張，這很正常，最好的解決辦法就是：多去拜訪大客戶。要不然你一輩子都得緊張，一輩子都是小咖！」

想要更有同理心，讓溝通更順暢，銷售更圓滿，人際關係更好，做個更有溫度的人嗎？以下提供三個很實用的銷售溝通工具，供你參考使用：

1.同理語言──帶著溫度、理解和關懷，慢慢說：
✓ 我能瞭解您的立場，換做是我也一樣會（覺得）～
✓ 我能體會您的感受，換做是我也一樣會（覺得）～

✓ 我明白您的意思，換做是我也一樣會（感到）～

✓ 難怪您會生氣（不舒服），換做是我也一樣會（感到）～

✓ 您說的很有道理，換做是我也一樣會（感到）～

✓ 真是辛苦您了！

2. 同心換位——將心比心才窩心！

❖ 過去我也曾有過類似的經驗……當時我也……

❖ 如果我面臨跟你同樣的狀況……我也會……

EX：「過去我也曾經被客戶轉大單到競爭對手的公司，當時我也覺得很生氣，很沮喪。」

EX：「如果我面臨跟你同樣的狀況，父母老邁，記性不好，甚至突然意識不清，認不得我——我也會很震驚，而且非常難過傷心。」

3. 認同法則——

可分為兩種狀況：

➤ **觀念相同，想法一致——直接認同**

✓「沒錯，我也這麼認為（我也是這樣想的）！」——增加親和感，並鼓勵對方多說，多分享內心的想法或看法。

➤ **觀念不同——間接認同**（大多時間，我們和別人的看法或想法有分歧，不盡相同。）

✓「沒錯，我以前也是這麼想（認為）的！」（但現在我並不是這麼想的）

✓「沒錯，有些人（很多人）也是這麼認為的！」（你這麼想，跟大家一樣，是很正常的）

重點來了：後面的連接詞，不要用轉折語氣太強的：「但是」、「可是」、「不過」；

要用:「同時」、「其實」、「然而」,才能較有溫度地表達,緩衝彼此的歧見。

EX:男人都是花心的——

沒錯,很多人也是這樣認為的。然而你有沒有發現:像天王劉德華這種專情顧家,愛妻疼小孩的新好男人,還是大有人在,您說是嗎?(邊說邊微笑點頭——潛意識說服。)

EX:女人都是虛榮的——

沒錯,有些人也是這麼認為的。同時你有沒有注意到:還是有很多現代女性,職業婦女,勤儉持家,吃苦耐勞,照顧一家老小,努力讓家人過更好的生活。您說是嗎?(微笑點頭)

EX:保險都是騙人的——

沒錯,我以前也是這麼認為的。其實你有沒有發現:每當社會發生重大意外事故時,都是因為有了保險金的理賠,才讓活著的人,可以繼續走下去。逝者安息,生者如斯——這就是保險無可取代的價值,您說對嗎?(微笑點頭)

EX:投資型保單都是不靠譜(不可靠)的——

沒錯,很多人也是這麼認為的。然而我們發現:投資型保單在目前行情看好,指數屢創新高的資本市場中,還是大多數投資人的重要理財工具,很多人甚至把它視為「節稅&傳承」的好選擇,您說是嗎?(微笑點頭)

EX:直銷都是要拉人吸金的——

沒錯，有些人也是這樣認為的。然而像安麗（Amway）、雅芳（Avon）、賀寶芙（Herbalife）、美安（Shop.Com）、如新（Nu Skin）……這些國際知名品牌的直銷公司，歷經數十年的市場耕耘和考驗，為很多人和他們的家庭，帶來財富與健康，同時有的還持續在做公益，回饋社會，造福人群，這不是很棒嗎？（微笑點頭）

最後，讓我用：「老師你錯了：幽默感是天生的！」一個我親身經歷的小故事，來分享「同理表達」的價值與重要性。

有一次應邀去海巡署替一群教官上「講師訓」的整天課程。當我說到：「講師最好有幽默感，課程會比較有趣吸睛，而幽默感是可以靠後天培養的。」這時一位教官馬上舉手，並大聲地說：「老師你錯了：幽默感沒辦法靠後天努力學習，是與生俱來的！」這位教官振振有詞，充滿信心地直接提出不同意見，要我馬上認同他，承認錯誤。有趣的是，他剛好是這一班最資深的教官，是其他人的學長，大家都只能噤聲。首先，我覺得對方並沒有什麼惡意，只是比較直一點，於是我面帶微笑，充滿善意和誠意地看著這位資深教官：「沒錯，我以前也是這麼認為的。然而，當我發現每次我跟別人分享周星馳的電影情節，或是講述熟背已久的笑話，大家都會忍不住地笑出來，並稱讚我是個很有幽默感的人。所以我覺得幽默感是可以靠後天培養的，您說是嗎？」（微笑點頭——潛意識說服）這時教室

響起如雷掌聲，其他教官用掌聲支持我，肯定我的說法，也不致於讓學長沒面子。下課時間，這位資深教官還特地跑來找我致意，謝謝我精彩有趣又熱情的講師訓課程分享。

....

「認同法則」真的很實用，但有用才有用，您說是嗎？（看到 Leader 正在對你微笑點頭嗎？）

人生是一趟不斷學習的旅程，同理不容易，但可以學習，只要你願意。人貴自知！檢討自己，知彼知己，將心比心，多替別人想，就是多替自己想，與您共勉——

根據一項研究計畫證實：「不積極、不抱怨的顧客高達 91% 不會再回購。有抱怨但其問題很快就被解決的顧客，再購買的比率則為 82%」這說明了：「嫌貨才是買貨人」！平復顧客的怒氣，「傾聽」永遠是最好的開場白，「服務」才是王道！

「有效傾聽輪」，的八個重點分別是：
「眼神接觸，深感興趣，尊重關懷，將心比心；
專心一致，適時回應，點頭微笑，知彼知己。」

圓心是 0 分，圓周是 10 分，你給自己打幾分？

連接這八點的圓，測試一下自己，是否具備水準以上的傾聽能力？若是能：聽到客戶想說，說到客戶想聽，你的銷售就成功了！而傾聽的層級，可分為以下三級：

第一級，全神貫注——例如：聽八卦，報明牌，或是聽一場難得的大師開講。

第二級，部份傾聽——雖然已經很努力地認真聽講，但還是會受到外務干擾或偶爾恍神，以致無法專心全力投入。

第三級，心不在焉——事不關己，放任隨性。

上課時我常問學員：今天上 Leader 的課是用哪一層級的傾聽呢？通常學員都會異口同聲地說：「1」！我便半開玩笑地說：「這種話你們都說得出來，大家應該都是超業吧？」瞬間哄堂大笑！拉近彼此的距離，待會兒上課更專心。

無法專注傾聽的原因，通常包括：

1. 講者的表達技巧不佳，溝通能力待加強。

2. 內容無法引起聽者興趣或共鳴，沒有打到對方的痛點或樂點。

3. 現代人的資訊太多，各種社群媒體充斥，分散注意力，無法 Focus！

除了最後一點無能為力之外，前兩點都可靠著學習和經驗累積，調整改進，提升傾聽專注力。

📌「問」出好關係，「做」出好業績

西方哲人，大思想家蘇格拉底常在街上問路人問題，探求真理；而東方的教育家孔子說：「不恥下問。」

前 CNN 名嘴賴瑞金（Larry King），多年來訪問過五萬個以上的名人、巨星與政要。他歷久不衰的成功秘訣，就在於「會問問題」。他說：「我提出問題，聽對方回答，然後繼續追問下去。」他回憶有一次要採訪一位在二次大戰中，曾打下七架敵軍戰機的空戰英雄，節目時間一小時。對方看起來很嚴肅，他便問這位空戰英雄：「你當初會加入空軍，應該是很喜歡飛行吧？」對方惜字如金地回答一個字：「Yes！（是的）。」

「當飛行員的感覺如何？」對方還是回一個字：「Fine（很好）。」

賴瑞金心想：「兩個問答加起來，不到一分鐘，剩下的 59 分鐘要怎麼辦？」他望著窗外蔚藍的天空，靈機一動，問道：「如果現在飛來三架敵機，而我們這棟 CNN 大樓的天台上，正停著一台最新的戰鬥機，你會願意馬上起飛去迎敵嗎？」空戰英雄毫不遲疑地說：「Of course，I will（當然願意）！」賴瑞金一聽，這次回答多了幾個字，再看看對方充滿自信，躍躍欲試的表情，很訝異地問：「你以一敵三，不會緊張嗎？」「不會呀！」「那你剛才怎麼看起來那麼嚴肅又緊張呀？」空戰英雄靦靦地笑說：「因為這是我第一次上電視台節目，還要接受大名鼎鼎的賴瑞金訪問呀，

當然很緊張！」賴瑞金大笑，也鬆了一口氣，接下來他們就很順利地進行了成功的專訪。

這故事告訴我們：「商品銷售跟節目採訪一樣，業務員跟主持人一樣，要知彼知己做功課，適時問個好問題，聊對方感興趣的事，打開對方的心門，則銷售無往不利。」

1983 年，蘋果電腦的創辦人賈伯斯要挖角百事可樂總裁——約翰‧史考力（John Sculley），對他說：「剩下的人生，你是要繼續賣糖水，還是要跟我一起改變全世界？」這個問題打動對方的心，最終挖角成功。問個好問題，真的很重要！

前奇異公司（GE）總裁——傑克威爾許（Jack Welch）剛上任時，曾特別拜訪請教管理學之父——彼得杜拉克（Peter Drucker）：「奇異（GE）的子公司太多了，很難管理，你認為該如何處理？」大師並沒有給答案，只是反問他兩個問題：

第一個問題是：「如果你現在擁有的不是這些公司，而是一大筆錢，有哪些子公司你會想買下來？為什麼選這些公司？」

第二個問題是：「請你想想看，剩下那些你自己都不想投資的公司，怎麼處理最妥當？」

傑克威爾許豁然開朗，大表佩服與感激。只留下各產

業排名前二名的公司，專心經營，最終打造屬於他的奇異帝國——企業經營，問出競爭力！彼得杜拉克說：「找到正確的問題，比找到答案更困難！」

親愛的讀者，你會問問題嗎？

問個好問題，不僅可以化解尷尬，四兩撥千金，更可以拉近跟客戶的距離，打開客戶的心門，建立好關係，發掘更大的商機。剛進入社會的時候，我在國泰人壽當組訓專員，而後轉任業務主管，帶領團隊銷售保險。曾有人這樣問我：「鄭立德，聽說你是拉保險的？」當時我帶著微笑地回說：「是呀，要不要我拉你一把？」對方笑了！

同事問我：「立德，聽說你是政大政治系畢業的？」「是呀。」「那你怎麼在這裡（國泰人壽）賣保險？」我反問她：「那……不然要去搶銀行嗎？」同事也笑了！

銷售時，可以透過問問題的方式，瞭解客戶當下的情形環境，及需求背後的需求。最簡單又實用的問題分類，可分為：「開放式問題」和「封閉式問題」。

「開放式問題」：鼓勵對方無限制，自由開放地回答。

定義：開啟較長的對談、回應。

用途：打開話夾子，獲得較多的資訊，保持客戶參與討論。

優點：讓客戶可以暢所欲言。

缺點：不容易抓到重點，有時客戶講得內容太發散，收不回來。

「封閉（限制）式問題」：讓回答限制於：Yes or No!（是或

否）；或是在你提供的答案中做選擇題。

定義：期望較短的回應。

用途：掌握談話，搜集想獲得的客戶資訊，鎖定或確認客戶的需求，獲得客戶購買的承諾。

優點：問題聚焦，比較容易蒐集到客戶的資訊或需求。

缺點：一直要客戶回答限制式問題，有時像檢調單位在問案子，客戶的感覺不好。

舉例：你去牛肉麵店，店小二會問你：「客官，吃啥？」（開放式問題），當你回答：「牛肉麵」。店小二會繼續問你以下的封閉式問題，來確認需求：

「寬麵還是細麵？」「要不要加辣？」「大碗還是小碗？」「紅燒還是清燉？」「乾麵還是湯麵？」，講到這裡，肚子會不會有點餓？以下再提供問題範例，供您參考，讓您一次學到飽：

＜開放式問題＞

您在找什麼？

能不能更詳細地說明一下？

對您而言，什麼是最重要的？

對您而言，它為什麼這麼重要？

目前您採取的方法是？

它有什麼影響？

您想嘗試達成什麼目標？

您要如何處理這個問題？

＜封閉式（限制式）問題＞

所以您說的是……對嗎？

聽起來您可以……是嗎？

您準備好做決策了嗎？

您是下週二早上 10 點方便？還是下週三下午 2 點方便？我去拜訪您，討論這個專案。

＜用限制式問題以確認需求＞

……對您重要嗎？

所以您……是不是會更好？

您似乎更願意擁有……對嗎？

所以你需要的是……？

您是不是在找……？

《理財商品的銷售問句練習》：以下三個問題，讓您做好資產配置與財富管理：

1. 您認為：成功的人生，跟掌握到什麼有關？（開放式問題）

2. 您是否同意：成功的人生，跟我們掌握到多少「機會」有關？（封閉式問題）

3. 同樣地，成功的投資理財，也跟我們掌握多少「投資機會」有關，您說是嗎？（封閉式問題，微笑點頭，潛意識說服）

XX 銀行的「資產配置進階計劃」，讓投資理財的大好機會，絕不會輕易從您手中流失！理由如下：

《通貨膨脹的問句練習》

以前在銀行講「客戶說明會」時，我常用以下的 4 個問句題組來請教客戶，通常客戶都會跟著我的步伐前進，所有的回答都在預料掌握中，無往不利：

1. 請問您會不會覺得現在通貨膨脹很嚴重？（封閉式），或是直接問：現在的東西貴不貴？──答案通常是:「貴！」

或是：有沒有覺得什麼都漲價，只有薪水以不變應萬變（凍漲）──「對！」

2. 您會不會擔心通膨吃掉您的財富或老本？（封閉式）──「會！」

3. 您認為什麼投資理財工具可以對抗通膨？（開放式）──「黃金或不動產」：但黃金太貴；不動產的金額高，不易變現。

4. 如果有一個可以幫助您輕鬆抗通膨，讓您的錢越來越大，從今天起，不用再擔心退休老本被通膨吃掉的理財工具，您願意聽聽看嗎？（封閉式）

➢ 問出競爭力（客戶服務）

一般業務員心中的自問自答：

❖ 客戶的期望為什麼那麼高？

❖ 顧客為什麼老是不看產品說明？

超業心中的自問自答── QBQ（問題背後的問題）：

✓ 我該如何服務我的客戶？

✓ 我能如何維繫高標準的顧客滿意度？

✓ 我該如何為客戶提升服務品質？

➢ 問出競爭力（業務銷售）

一般業務員心中的自問自答：

❖ 我們的產品為什麼定價這麼高？

❖ 我們的產品為什麼總比別人貴？

❖ 我們的公司為什麼做不出好賣的產品？

超業心中的自問自答—— QBQ（問題背後的問題）：

❖ 我當下要如何提升銷售動能？

❖ 我要如何找到對的客戶，賣對的商品？

❖ 我要如何再創業績高峰？

問問自己，你是一般業務員？還是超業？或是正在往超業目標邁進的準超業？

連絡或拜訪客戶前，銷售後的檢討，先啟動「成功銷售的自問自答模式」：捫心自問，以下 15 個成交情境問題，我的答案是 Yes or No? 或 It depends?（不一定）

1. 我能否創造出有利於「達成交易」的愉快積極氛圍？

2. 我的問題是否簡單、明瞭、清晰、易懂？

3. 我能否讓客戶在回答前，先正向思考他的工作、事業、家庭或人生？

4. 我能否促使客戶評估我所帶來的新資訊或新觀念？

5. 我能否讓自己表現得比競爭對手更專業，而且更親切？

6. 我能否引導客戶分享過往的經驗？

7. 我能否讓客戶有「耳目一新」的驚喜感覺？

8. 我能否讓產品目標朝著「成交階段」前進？

9. 我能否深入了解客戶目前的現況情境，並與我的產品或服務有所串聯？

10. 我的產品或服務，是否與客戶的目標直接相關，密切結合？

11. 我能否真實解決客戶問題，或創造客戶利益？

12. 我能否從客戶口中引導出有助於我「達成交易」的資訊？

13. 我能否讓買賣雙方最終達成協議，完成交易？

14. 我能否向客戶保證水準以上的售後服務，並且一定要說到做到？

15. 我能否讓客戶親口說出滿意我的話，為我按讚，並輕鬆愉快地幫我轉介紹？

電影「華爾街之狼」的片尾，李奧納多狄卡皮歐（Leonardo DiCaprio）飾演的男主角說了一句耐人尋味的話：「我活在一個任何東西都有標價的地方，重點是：你得學會銷售！」出獄後，他成為超級銷售教練。只見他手拿一枝筆，一直要在場的學員：「Sell me this pen！」（把這枝筆賣給我！），但全場沒人聽懂他要做什麼。

現實生活中的男主角——喬登‧貝爾福（Jordan Belfort）之前應邀來臺灣演講，公布正確答案。他說：把這枝筆賣給我，你得問以下的問題：

「你有用筆嗎？」

「多久用一次？」

「慣用什麼筆？」

「需要什麼筆？」

「用筆來做什麼？」

「使用筆的時間有多久？」

知彼知己——是銷售的契機！就算賣枝筆也一樣。「業務員不一定是成功的說服者，但一定要是成功的提問者！」

「問出好關係，掌握好業績」的八個秘密：

1. 知彼知己——KYC（Know Your Customer）。

2. 事先設計——有備而來，針對不同商品，設計專屬問題。

3. 態度誠懇——微笑並注視對方眼睛。

4. 簡潔有利——《禮記。學記》：「善問者，如攻堅木，先其易者，後其節目。」會問問題的人，就像砍木頭一樣，先問簡單的問題，先砍容易砍的部分，客戶才好回答，省時省力。

5. 循循善誘——如同上面講到《通貨膨脹的問句練習》，一題一題地尋問客戶，找出需求與解答。

6. 觀察傾聽——要察言觀色，用心聽客戶的每個回答與問題。

7. 認真互動——問題有來有往，不是自己演獨角戲，自說自話。

8. 創造雙贏——站在客戶的立場上，為雙方的利益著想。

問客戶問題時，你是像醫生一樣：望聞問切，循循善誘你的客戶？還是像法官一樣，要客戶回答：是不是？對不對？或做選擇題？

問個好問題，可以幫助您：

✓ 贏得新生意

✓ 建立好關係

✓ 協助他人走出低潮或生命幽谷

✓ 處理危機，衝突或抱怨

✓ 避免尷尬，難堪或窘境

✓ 引導突破性的創新思考

✓ 問題分析與解決

✓ 評估新議題或新構想

✓ 創造更有深度，廣度，和溫度的自省力

✓ 點醒對方，看清楚情況。

✓ 激發自信，勇氣和力量。

2009 年金融大海嘯，我在銀行擔任客說會講師，有一場印象特別深刻。結束時，問來賓有沒有問題，一位客戶舉手問：「那保險公司會不會倒？」現場來了大約有 50 位銀行的貴賓，我帶著微笑，先感謝她問了這樣的好問題，別人也問過，然後不慌不忙地反問這位客戶：「如果我跟您說，保險公司一定不會倒，您相信嗎？」結果有點讓我訝異，全場的客戶都異口同聲地說：「不相信！」我說：「沒錯，我也不相信。然而，我要跟您報告的是，保險公司在這個風雨飄搖的年代，是相對安全的。讓我從「事前」，「事中」，「事後」來跟您分析一下。」「事前」就是保險公司的資本適足率，責任準備金以及金融檢查，防患於未然；「事中」是指：保險公司的增資；「事後」是指：保險公司的併購。一口氣講完之後，獲得全場來賓的熱烈掌聲。問個好問題，真的很重要。還有，客戶有時也是需要被教育和被激勵的，我們要給客戶多一些信心和勇氣，業務成交會更順利。

別懷疑，就是現在！替自己的產品和服務，各設計兩個「開放式問題」和「封閉式問題」，快聯繫去拜訪你的客戶，問

個好問題,掌握好業績!

在你藉由問好問題,搜集客戶資訊,了解客戶目前所處的情境,背景和需求之後,你必須將產品的價值和客戶的需求緊密連結,最好能發揮創意,或是說個動人心弦的好故事!加拿大有一家啤酒商,看準現代人壓力大,推出一台啤酒機,只要對著機器大吼,依照分貝的大小,就可以拿到不同顏色的啤酒。既能宣洩情緒,又能開懷暢飲,相當受到歡迎!

有一次我去大陸東北的瀋陽市,幫一家煙酒連鎖商講銷售課,放了這段「壓力啤酒機」的短片給業務夥伴們看,副總舉手說:「鄭老師,你可不可以等一下再放一遍,我去請我們王總來看。」我說:「這短片是賣啤酒的,可是你們賣的是白酒呀!」副總回我:「都差不多啦,道理是相通的。」由此可見,發揮創意說故事,結合需求和價值,就可打開客戶的心門,無入而不自得。

這幾年臺灣有一部很有名的電視劇,叫做:「我們與惡的距離」屢創收視新高;很快地,就看到一個人氣拌麵的廣告,叫做:「我們與餓的距離」,還是由前者的女主角賈靜雯代言,應該很有銷量;金融機構也如法炮製,打著「我們與老的距離」,推廣退休長照商品,提醒客戶要提早規劃;連經濟部水利署都不落人後,三申五令地告訴民眾:「我們與缺水的距離」。創意銷售,無所不在!

問問自己:在銷售產品或行銷推廣時,我目前或準備用來打開客戶心門的鑰匙有幾把?它們分別是?

第五講

成功銷售語言的魅力

📌銷售穿透力——產品解析的「FB」

「我很樂意死在火星上，只要不是在降落的時候。」（I'd like to die on Mars, just not on impact.）特斯拉（Tesla）電動汽車公司，SpaceX 創辦人伊隆·馬斯克（Elon Musk）這樣形容他對於自己「火星移民計畫」的熱衷。

語言是有力量的，包括了：說服力、影響力、銷售力，和獨一無二的魅力。加上幽默感，則如虎添翼，更具穿透力！

Elevator Pitch（Elevator Speech），中文稱作「電梯簡報」或「電梯演講」，是指一種「在有限時間（30 秒到 60 秒）的場合（電梯、展場、茶水間、商務餐會……），清晰、簡潔、有力、快速、有效地傳遞個人、公司、產品或服務的資訊，告訴對方：你是誰？能幫誰？幫過誰？如何幫？並讓對方想進行後續的談話。」有時候，「關鍵一句話」比一段三十秒的精華簡介更吸睛，更重要。

FB 的創辦人——馬克·祖克伯（Mark Zuckerberg）在一開始推出 FB 時，是這樣貼切地形容他的 FB：「**打出一個人的名字，就可以找到一堆他的個人資訊！**」（Something where you can type someone's name and find out a bunch of information about them.）

Uber 的創辦人崔維斯·卡蘭尼克（Travis Kalanick）在 2011 年接受訪問時，說明 Uber 的價值是：「**按個鍵，五分鐘內就有一台賓士載你到想去的地方！**」（You can push a button and five minutes a Mercedes picks you up and takes you where you want to go.）

《You do X, and Y happens!》——把產品簡化為：「**直接的輸入，和具吸引力的產出！**」如同 2020 年 2 月 2 日，工商時報採訪我談判新書《談判力，就是你的超能力》所下的標題是：「**雙贏談判力，越談越有利！**」

「行銷學之父」科特勒（Philip Kotler）在他的「行銷 4.0」一書中，談到：「略過廣告世界的黃金 5 秒鐘挑戰」（the skippable world's five-second challenge）。這意思是：如果你在 Youtube 上放置的廣告，能讓消費者看完五秒鐘還不「略過跳出」，就代表你的行銷廣告還算是成功的！

很多領導品牌的 slogan（口號，標語；簡短醒目的廣告語），你一定有印象：

☆你未必出類拔萃，但肯定與眾不同！（104 人力銀行）

☆華碩品質，堅若磐石。（華碩電腦）

☆好險，有南山！（南山人壽）

☆只有遠傳，沒有距離！（遠傳電信）

☆專注完美，近乎苛求！（LEXUS 凌志汽車）

☆有 7-11 真好！（統一超商）

☆全家就是你家！（全家便利商店）

☆用大金，省大金！（大金冷氣）

☆We are Family!（中國信託）

花點時間，找出你產品和服務的「關鍵一句話」或「吸睛（金）三大賣點」！Ex：「超業培訓找立德，談判溝通鄭能量！」

產品的 FB 不是臉書的意思，而是 Feature（特色，特徵）

和 Benefit（利益，好處）。

✔ 產品或服務的「特色特徵」：因為它是，因為它有，所以它能──化繁為簡，讓客戶聽得懂。

✔ 產品或服務的「利益好處」：對您而言，對您而言，對您而言（因為很重要，所以講三遍！）

舉例：掃地機器人的 FB ──

因為它是，因為它有；所以它能，對您而言：

1. 因為它是：兩把刷子的設計──

所以它能：強力鏟起並吸入附著在地毯或地板上的灰塵！

2. 因為它有：髒汙偵測專利──

所以它能：感應到特別髒的區塊，並會來回加強清潔處理！

3. 因為它是：風動渦流強力吸塵系統專利＋高效率吸塵馬達與氣流加速器──

所以它能：讓吸力吸塵效率大幅提升

4. 因為它有：智慧型導航清掃系統

所以它能：精確掌握機器人的動態並追蹤清掃進度！

5. 因為它是：手機 APP 搖控系統（物聯技術）──

所以它能：做到無論何時何地，手機即可遠端遙控！

6. 因為它是：不斷電清掃模式──

所以它能：多次返航充電，清掃範圍加大！

7. 因為它有：內建高科技 3 段式除塵系統＋第 3 代集塵馬達密合設計＋真空隧道式吸塵封口

所以它能：在遇到藏汙納垢的地毯時，可自動調整吸力達 10 倍！

8. 因為它有： 迴紋針清掃模式 +10 個以上清潔模式 + 內建 10 個以上的感應器

所以它能： 連最邊角的髒汙都能一次搞定！

對您而言： 這台掃地機器人為您打造「一塵不染，輕鬆健康，物聯科技」的智慧居家新生活——讓親愛的媽媽或老婆，不用再彎著腰做家事！

《銷售穿透力》：是話術，是藝術，更是創意！

日劇「房仲女王」有一段精彩的銷售情節：一對母女來看房子，請仲介小姐介紹一下這間房子的優點。沒想到她並未做好銷售的準備，很緊張且白目地接連說出了這房子有著：夕陽，墓地和壁虎的三個特徵，母女一聽便打算離開，去看別間房。這時，仲介公司的超業帥男忽然出現，扭轉了窘境，逆轉了戰局。

首先，他帶著微笑，感謝這對母女在這麼熱的天氣下，還願意來看房。

「這套房沒能讓你們滿意嗎？」媽媽說：「這間房有夕陽直射，旁邊有墓地，還有壁虎出沒。」沒想到超業男竟回她說：「這三點正是這間房子的特色喔！」母女倆吃驚地望著這位超業，看他要變什麼戲法？

「請看那邊的山脊線，凝望著夕陽從那條山脊上緩緩落下，可以讓人感知到地球，甚至感知到宇宙呢。我覺得在市區，這樣景色已經是不可多得呢！」超業帶著笑容看著窗外的遠方，全心投入並真心相信的表情，讓客戶為之

動容。

　　「旁邊是墓地，就意味著附近不會有高樓層，以後採光可以一直得到保障。」母親一直點頭，但女兒忽然想到：「那位仲介小姐說，這裡有壁虎！」

　　「畢竟這附近自然景色很多，而且您不知道嗎？壁虎被稱為家的守護神。您覺得如何？」「這套房 1590 萬日元，現場做銷售還有優惠價喔！」客戶表示會鄭重考慮。

　　各位讀者，您有這樣反敗為勝，把缺點說成優點的銷售經驗嗎？

　　就讓我來分享我的親身經歷。在一場銀行 VIP 客說會，當我講完主題內容，進行 QA 時間，問這些銀行的高資產客戶有沒有問題時，一位年輕的小姐舉手直言：「你們的年期太長了！我不要六年期，有沒有二年期的保險？」跟日劇中那位超業帥哥一樣，我也是面帶微笑，先感謝她的問題，表示很多人都有這樣的需求，覺得六年期太長。

　　話鋒一轉，「不過，「六年期」正是我們這張商品的特色喔，想要再長一點的期間也沒有了！如果您今天買了這張保單，過幾年發現外面的投資市場風光明媚，陽光燦爛，景氣好到不行，我們自然有機制可以幫您轉到獲利更高的地方；但是，如果外面風強雨大‧烏雲密佈，狂風暴雨的話，那我們這裡就會是您最佳的避風港，但最多就只能保護您六年喔！您說好嗎？」（微笑點頭──潛意識說服）

　　最後，不只發問的那位來賓，現場所有來賓都點頭了。

　　當客戶對你提出質疑時，也許他的態度、口氣或文字語言

重了些，或是表情和聲音語調，讓你感到不大舒服，不被尊重，但請記住：他是客戶，他有權利為自己的利益說些什麼，努力爭取。換做是我們，也會做同樣的事，對嗎？帶著一顆包容的心，你可以帶著微笑，滿懷誠意地問對方：「您為什麼這麼覺得？」或「您這樣說的意思是？」大多時間，可以消除疑慮，化解危機，讓大家都開心。

　　說到這裡，不得不佩服我的高爾夫球教練——寶哥。記得有一次快過年了，一大早去高爾夫練習場練球，寶哥拿了一件企鵝牌（Munsingwear）的 polo 衫給我，他說：「今天特價打七折，一件只要 7200 元，買到賺到，而且就剩這一件，賣掉就沒了，你早來，早起的鳥兒有蟲吃，我就先拿給你喔！」我說：「謝謝寶哥，我不需要，留給別的同學好了。」寶哥回我：「打高爾夫的人，至少要有一件企鵝牌！」我在想，我打得又不好，不穿不丟臉，穿了企鵝牌高爾夫 polo 衫，就像：不會打籃球或打不好籃球的人，還炫耀他腳下穿的是籃球之神——麥可喬丹最新款的 Nike Air Jordan 球鞋。我這樣跟他解釋，並不打算買這件 polo 衫。

　　寶哥繼續說：「領了年終，買一件企鵝牌，獎勵一下自己！」我心想：「我有錢幹嘛不去買電腦 3C 產品？買件七千多元的企鵝牌 polo 衫，又不防彈！」便回他：「真的謝謝啦，我打算買新筆電，就不買這一件了。」沒想到，寶哥還不死心，他語重心長地看著我說：「立德，對自己好一點——人生苦短！」最後，我買了一件，因為：我也覺得人生苦短！

銷售穿透力,「對您而言」真的很重要,也很有效!義無反顧,全力以赴;唸唸不忘,必有回響。

🖈 抓眼球,設心錨的創意行銷術

有一次我去資策會講課「NLP 的成功銷售力」,一早坐捷運要出站時,在大安站的長手扶梯上,看到對面的牆上貼著好大的廣告:一位中東帥哥,很悠閒地坐在他的駱駝上,旁邊寫著:「下一站舊城區,與駱駝細看中東風情」另一面牆上,則出現一對帥哥美女坐在精緻的小船上,旁邊的字幕是:「下一站河灣,穿梭於古今之間」而正中間的牆上,有 10 位俊男美女坐在沙漠上,正開心地享用他們豐盛的佳餚——「下一站杜拜沙漠,品味黃昏盛宴」,看到這裡,你會想到哪一家航空公司呢?

我把這三張廣告拍下來,在課堂上問學員同樣的問題。在我印象中,從來沒有學員回答:長榮航空或是中華航空!大家一致的答案都是:「阿聯酋航空(Emirates)」

這,就是 NLP(神經語言學)所說的心錨(Anchor)。

心錨是指:「在任何時間裡,可以儲存或啟動某種特別感覺或心態的啟動器」通常我們會用它來儲存一些資源豐富的心態,以便需要時可以隨時啟動,稱為——「設立豐資心錨」。什麼是心錨?就是「一顆心+一個錨」,有正面也有負面的心錨,就看你要怎麼想!而我們當然是要建立正念正向的心錨,才能夠:「**讓我忘記銷售的惡,讓客戶記住我的好**。」這就是

「設立豐富資源的心錨」

心錨就像是品牌，建立在客戶的腦中或心中，只要客戶一想到買電腦，就想到華碩（ASUS）或宏碁（Acer）；一想到買手機，就想到 Apple 的 iphone 或三星（Samsung）；一想到買名車，就想到雙 B 的 BMW 或 Benz……這就是品牌在客戶心中建立的「心錨」。身為超業，客戶一想到：買保險，買房子，買車子，買健康食品，買生前契約……就想到你，代表你在客戶心中，設定了正向的好心錨，是客戶信賴的銷售顧問，是「非你莫屬」的超業。身為講師，如果學員或是人力資源單位一想到上課，就想到 Leader，就代表我的專業培訓品牌形象，在大家心中設下了正向的心錨，而這也是我一直努力的目標，讓我們一起加油──

心錨的種類，可分為：

➤ **觸覺**：擁抱、拍肩、認床

➤ **聽覺**：結婚定情的歌、失戀的歌、吹口哨、垃圾車、吃飯搖鈴（我兒子常這麼做，提醒他老爸別做教案了，快來吃飯）、上下課鐘聲

➤ **視覺**：紀念品、照片、文字、老闆的臉（想到就怕，趕快去找客戶衝業績）、個人形象

➤ **空間**：教堂（結婚的地點──幸福的感覺）、教室、祠廟、醫院（出生或死亡的記憶）

平常在家，如果聽到外面傳來貝多芬的「給愛麗絲」，或是一位波蘭女作曲家所寫「少女的祈禱」音樂旋律，你會不會急著或不自覺地衝去倒垃圾？這音樂，就是你聽覺上的心錨。

我熱愛跑步，每次去跑 21K 半馬時，我都會戴著我的 Bose 真無線運動耳機，聽我的跑步戰歌。我放的當然不會是張學友唱的「心如刀割」（但也有學員說，這樣以毒攻毒，激勵跑更快！），而是像：任賢齊的「再出發」，或是伍佰的「衝衝衝」之類的歌，做為自我激勵的跑步正念聽覺心錨。如果您也有跑步的話，不妨一試。

運動員的手勢，也是一種心錨。中華職棒全壘打王林智勝在他的書上寫到：「戰場，除了球場，也在自己的心裡。」記得有一年的世界盃棒球賽，九局下中華隊還落後兩分，輪到林智勝上場打擊，奮力一揮，球就越過了全壘打牆，這支三分砲，讓我們不僅反敗為勝，更是久違地擊敗世界棒球強權古巴隊，讓球迷們振奮不已。若是林智勝在打出驚天逆轉三分砲時，雙手比槍，食指指向天際，形成自己的正向心錨，則下次比賽遇到九局下，兩人出局時，再做出同樣的動作，喚回自己的正向心錨，將為自己帶來更多的信心、勇氣和力量，這就是建立正向心錨的意義與價值！

臺灣知名的舉重金牌女將郭婞淳幾乎戰無不勝，攻無不克，每一面金牌對她而言似乎都很簡單。但大多人不知道的是，她曾經遭遇嚴重的運動傷害，懷疑自己能不能回到賽場。她說，每當遇到挫折，失敗，沮喪的時候，她都會對自己說：「一切都是最好的安排！」然後繼續抬頭挺胸，勇往直前。

親愛的讀者：在你心中，有沒有哪一句話，一直在支持你

——永不放棄，堅持到底，繼續向前行？文字，也可以是一種正念心錨！

業務員也是如此，要去拜訪大客戶前，要去處理客訴前，當你有些緊張不自信時，想想你在台上領獎的畫面，想想你的薪水條上面的高額數字、想想平常用來鼓勵自己或別人的座右銘，想想主管或客戶稱讚你的話、聽聽一些正面激勵的音樂、想想那些支持你、相信你可以的人、或是想想老闆的臉……這些都是一種正向的能量，一種正念的心錨！

除此之外，所有的證書、海報、獎狀、獎牌、特殊的紀念品、榮譽的服裝……也都可以是一種視覺上的心錨，不拿來激勵一下，鼓勵自己，實在太可惜啦。

銷售的自信，是可以學習和訓練出來的！

首先，要覺察不自信的情緒！描繪出自信的目標和想像，問問自己：「你想在哪方面變得更有自信？」有了自信之後：想像的畫面，聽到的聲音，你的感覺是？

跟自己對話：「有自信會得到什麼好處？」

建立「銷售自信」的五感經驗：

蒐集生命中「美好的經驗」——「銷售」！

做「有興趣」的事——「銷售」！

做自己「比較擅長」的事——「銷售」！

做「有好感覺」的事——「銷售」！

做自己「被需要」的事——還是「銷售」！

覺察自己銷售時的：心跳、呼吸、體溫、肌肉、氣色、神情、聲調、語速、文字…

盡力維持充滿自信和勇氣的最佳狀態！

心錨——自信情緒的啟動器！不只是超業，每個人都應該要努力拒絕悲觀，豐富自己的世界觀！相信你的人生，一定會更美好——

拒絕後的成交術——從 No 到 Yes 的神奇銷售魔法

2008 年 10 月 1 日，「國民年金」正式推行實施。有一天我看到報紙的大標題寫著：「國民年金，失業更要繳！」雖然手頭緊，最好按時繳保費，退休後可多一份保障！這個標題對於長年教銷售課程的我而言，就像是一種「拒絕處理」的話術——如同「保險，失業更要買」一樣！有沒有打動一般民眾或消費者呢？根據我在課堂上問學員的經驗，似乎效果不大，多數人並未被這個標題打動，尤其是現在手頭緊，你還要我去想像並規劃退休後的保障？就好像一句耳熟能詳的閩南語諺語：「生食都無夠，哪有通曝乾」（生吃已嫌不足，哪有多餘的可以曬乾？比喻現實生活已捉襟見肘，對未來的日子更不敢奢望。）

2009 年金融大海嘯，我又看到一篇報紙的標題，上面寫著：「越是不景氣，越是沒有生病的權利！」比起上面那句「國民年金，失業更要繳」，這句話是不是更有說服力？「銷售穿透力」通常反應在業績數字上，當年各保險公司最熱賣的產品之一，就是：終身還本型醫療險或防癌險，保險業的好友們，紛紛主打保本型的醫療險，既有醫療保障，又能順便強迫儲蓄，因為：越是不景氣，越是沒有生病的權利！客戶說沒錢，不代表他真的沒錢，只是不想花在你這項產品或服務上，因為

你並沒有打到他的痛點，或是搔到他的利益點。

做業務的人，要想想自己的銷售到不到位，客戶的所有反對問題，是不是真的問題？還是只因為他不想買，或現在不想買，或是不想跟我買，還是不喜歡用這種方式購買。

銷售往往始自「客戶拒絕」──關鍵在於：

➤ 你對產品和服務有多熟悉？

➤ 你對客戶有多瞭解？

➤ 你被客戶信任的程度為何？

➤ 你的銷售武器有多精良？

➤ 你的銷售創意有多充沛？

➤ 你的銷售技巧有多純熟？

➤ 你的銷售態度有多誠懇？

➤ 你的銷售意志有多堅定？

➤ 你的銷售心態有多正確？

➤ 你有多相信公司、產品、和你自己？

➤ 以及，你如何面對「客戶拒絕」這件事？

「反對問題解決」＆「拒絕處理」的基本公式：

「Yes ~Yes~And~」

第一個 Yes ──確認反對原因！

✓ 我了解

✓ 我明白

✓ 我能體會

✓ 你的意思是？

第二個 Yes ──認知感覺！

✓ 那很好呀

✓ 您說的有道理

✓ 您提的問題非常好

✓ 您真不簡單／您真了不起

✓ 如果換做是我，在不了解的情況下，也會這麼想的

And ──提出證據，進行說服！

以下列舉五個點播率較高的──保險銷售拒絕處理問題（舉一反三，各行業的拒絕大同小異）：

1. 我不需要！

yes：我了解。

yes：在當下沒有保險需求的人是最幸福的，因為這代表著自己與家人都很平安健康，對吧？

and：然而我們常說，保險就是：在您當下不需要的時候，才能買到。所以保費相對而言是較便宜的；而等到真正有需要時，可能想買卻買不到喔！

2. 我沒興趣！

yes：我能體會。

yes：因為在不了解有需求時，客戶都說：沒興趣。

and：然而當您真正有需求的時候，不見得能找到這樣的商品可買。我自己就有切身的經驗。我舅舅因為急性肺炎住進醫院，長達一年在家調養身體，好在他有做保險規劃，才沒有拖垮整個家庭。因此我希望您能夠為心愛的家人做更周詳的規劃，您說好嗎？

3. 我要考慮一下！

yes：我明白。

yes：做決定前多想想，慎重考慮的確是比較周全的。

and：您比較會考慮的是哪一方面的問題呢？也許我可以幫您釐清問題喔。

　　保險其實不是花錢，而是幫您預留一筆緊急周轉金，在您需要時可以拿出來使用。保險商品都有時間的限制，以前我曾經遇過保單利率高過 7% 的保險商品，但現在即使想買，也買不到了。所以我們常說：「現在」就是購買保險的最佳時機點。

4. 我沒錢投保！

yes：我明白，一般小家庭的生活費大多卡得很緊。

yes：正是因為經濟能力不如有錢人，才更需要保險。

and：如果家中有人生病，臨時需要一筆大額的醫藥費，一時之間又籌不到錢，那怎麼辦？凡事未雨綢繆，若是現在就從小錢存起，是不是就不用害怕臨時有緊急需要？

5. 我已經買很多了！

yes：哇！您的保險觀念非常好

yes：同時也是個很有責任感的人

and：我們的需求會隨時間改變，我可以為您做一個保單健診，以專業的角度免費幫您檢查保單目前的規劃，做一個通盤考量，請問您的保單有哪些呢？

◎「打開客戶心房──自信面對拒絕，不吃閉門羹」的訣竅如下：

時機：

當客戶對他目前的現況感到滿意，或無能為力時，一開始就請你吃閉門羹：

「我不需要、我沒錢、我已經買很多了、抱歉你要白跑一趟了、這樣的見面是沒有意義的、我不想浪費彼此的時間、你這樣直接拜訪讓我很困擾……」

方法：

1. 表示理解客戶的想法和觀點（同理心）──

❖ 認同該需求是**值得**被客戶提出來的！（客戶不是奧客，更不是笨蛋）

❖ 提到該需求對他人的**重要性**！（認同法則：很多人也這麼想）

❖ 表示你可以體認「沒有滿足該需求可能會導致的**後果**」！（讓客戶知道你是一位有豐富銷售經驗和同理心的超業）

❖ 表明你可以理解「因為該需求而產生的**感受**」！（要將心比心，不費心費力）

2. 請求允許問幾個簡單而有助益的問題──

舉例：我可否請教您幾個簡單的問題，也許我可以幫您：

❖ 節省成本

❖ 簡化流程

❖ 改善體質

❖ 累積財富

❖ 提高業務量

- ❖ 創造高收益
- ❖ 增強免疫力
- ❖ 打開新的市場
- ❖ 快速整合資源
- ❖ 增加市場佔有率
- ❖ 解決目前的問題
- ❖ 找回健康與自信
- ❖ 找回青春與美麗
- ❖ 找回活力和動力
- ❖ 提前做好退休規劃
- ❖ 及早準備子女教育基金
- ❖ 超前佈署您的樂齡人生
- ❖ 擊敗對手，擴大市佔率
- ❖ 建立團隊，提高向心力
- ❖ 更了解目標客戶的想法
- ❖ 把客戶服務做得更到位

3. 利用發問，促使客戶覺察到被忽略掉的真實需求——

I. 蒐集客戶資訊：問客戶現況有什麼？做什麼？了解客戶的財務報表、組織概況、年營業額、人才培訓、行銷策略……

II. 分析現實環境：總體經濟、業界現況、公司處境和定位，問客戶目前成效如何？有何困難？客戶的觀點和想法？

III. 了解客戶五感：不改變的影響、感覺或後果為何？看到，聽到，感覺到……。

IV.確認真實需求：探索現況對客戶的不利點，滿足需求，

找出銷售機會。

4. 用「封閉式問題」來說服該需求——

以下舉一個辦公傢俱的超業為例，讓我們來看看，面對一個即將搬家的公司，身為超業的你，要如何面對總務或採購人員直接給的閉門羹？通常若是要搬家，公司原則上應該不會再添購任何辦公傢俱，等到新的地點再考慮。所以在此期間，所有來拜訪的辦公傢俱業務員，應該都會被趕走或請回。若能接受你的名片，表明到時再看看，已經算是很給面子，很有同理心的採購人員了。

以下是一位辦公傢俱超業——A，跟準客戶（採購經理）
——B的對話：

B：「我們正在找個更適合的辦公室，但目前還沒有找到。所以在不瞭解新辦公室的環境下，現在買辦公傢俱是沒有意義的！」

A：「我明白您的意思，您不想買一些以後用不到的東西，對吧？」

B：「沒錯！」

A：「如果我能多瞭解一些情況，就可以提供一些有用的建議，也許可以幫您節省成本，簡化流程。能否讓我問您幾個問題？」（蒐集客戶資訊）

B：「好吧！」

A：「你們預計何時搬進新的辦公室？」

B：「一個月內！」

A：「日期確定了嗎？」

B：「還沒，在過去半年裡，我們一直都說一個月。」

A：「所以您也可能繼續在這間辦公室待上一陣子，對嗎？」

B：「誰知道呢？」

A：「在這段期間，您都如何存放文件？」

B：「正如你所看到的，我們的文件大多都在紙箱裡，哪裡有空間就放在哪裡。」

A：「您和同事的感覺如何？」（了解客戶五感）

B：「嗯…到目前為止還不算太糟，當文件箱成堆時，我們就把它搬到後面的儲藏室。」

A：「這對您的工作有什麼影響？」

B：「我們不容易快速找到客戶所需要的檔案或資料。」

A：「還有其他影響嗎？」

B：「同仁們常抱怨，要翻箱倒櫃才能找到一份檔案，很麻煩，客戶也對我們的服務效率不大滿意。」

A：「看樣子，這種局面還會持續一段時間，您現在以及搬家之後，都需要更多的存放空間，對嗎？」（分析現實環境）

B：「應該會！」

A：「即使有電腦，檔案和文件還是會堆積如山！」

B：「是的！」（設計讓客戶會說 Yes 的假設性問題）

A：「我們公司有多種樣式的檔案櫃，可以根據您公司的空間格局和大小，進行上百種的搭配組合；在這裡辦公時，員工可以快速找到檔案，搬家後，照樣確保它們的適用性和實用性，這樣能解決您目前的存放問題嗎？」（確認真實需求）

B：「應該可以！」

超業果然不同凡響：有備而來，銷售精彩，不輕易放棄，最終讓客戶聽你的！

問問自己，客戶通常都怎麼拒絕我？

自己是否已具備「被客戶拒絕應該要抱持的正向心態」？

客戶不需要——背後的三個深層涵義——

❖ **客戶滿足現況**——例如：目前的業務員很專業，服務也不錯。（強化產品的獨特性和差異性，提醒客戶：沒有比較，就沒有傷害！不用批評別人，但要強調：我是最棒的！）

❖ **客戶不知道「改變」對他的重要性**——

✓ 客戶不知道再這樣沒有節制地胖下去，他的心臟將無法負荷，血壓就要爆表！沒有健康，一切歸零。

✓ 客戶不知道他的房貸 2000 萬元，但負擔房貸的一家之主，壽險加上意外保障，只有 800 萬元，不怕一萬，只怕萬一，若是剩下 1200 萬的房貸繳不出來，銀行只能來查封房子進行拍賣。對家人無法交待，人生徒留遺憾！

❖ **客戶不知道：原來他可以變得更好**——

✓ 客戶不知道：不用餓肚子，只要有恆心，照表操課 45 天的「健康管理課程」，身體質量指數（BMI）和體脂率就會恢復標準，內臟脂肪就能輕鬆消除，找回健康和活力。

✓ 客戶不知道：防癌險和一般醫療險都有終身還本型的商品，可以幫他一方面增加醫療保障，又可以兼顧保本保息的功能，一魚兩吃，效果加倍。

一位做高階藝術品鑑賞及銷售的朋友跟我說：她的客戶，有很多老董或老總，都很有錢，但最常跟她說的就是：「我怕我的口袋不夠深！」我建議她下次也許可以這樣回覆對方：「我了解您的想法，其實很多像您這樣等級的大客戶，一開始也是這麼說的。然而，在他們選擇投資我所推薦的高級藝術品之後，很多人都告訴我：他的口袋越來越深了！」「拒絕」是成交的開始，嫌貨才是買貨人！

　　各位親愛的超業或準超業：面對拒絕，你──

　　準備好了嗎？

第六講

客戶關係管理&
高資產客戶經營

📌 何謂「客戶關係管理」或「客戶深化經營」？

2015 年的春天，臺灣金融研訓院邀請我開一堂六小時的整天課程，主題是：「客戶關係管理＆業務銷售技巧」，兩大主題各講半天。「業務銷售技巧」是我很熟悉的領域，但什麼是：「客戶關係管理」？親愛的讀者，你覺得呢？

它絕不僅僅是我們耳熟能詳，照字面上翻譯的 CRM（Customer Relationship Management），那它包含了什麼？

為了找出更精準的答案或定義，我花了很多時間去請教在金融業擔任高階主管的好友及前輩們：您認為什麼是「客戶關係管理」？赫然發現，大家的認知不盡相同。

某金控公司的總稽核說：「我每天一早，都會發出上千封 mail 給身邊的同事好友們，不是早安文，而是勵志且發人省思的好文章。」尊敬的前輩說出他的直覺回應，讓我不禁汗顏：連完全不需要做銷售工作，位高權重的金控公司總稽核，都這樣在經營他所謂的「客戶關係管理」；需要推廣課程，宣傳新書，分享講座資訊，身為講師的我，更應該積極努力，主動出擊，有效做好客戶關係管理。

而另一位保險公司的副總好友則表示：「依照熟悉度及貢獻度，可將客戶分為 ABCD 四個等級，以區分不同的銷售策略與規劃，這就是客戶關係管理。」

大家說的都對，但可能只是其中一部分，那究竟什麼是「客戶關係管理」呢？

以下是我匯整的八個重點，供你參考：

1. KYC（Know Your Customer）——認識你的客戶，瞭解

他的背景，實力和需求。

　　某年春季，我應邀去北京，幫「中國民生銀行」的 40 位財富管理輔銷顧問上「優勢輔銷力」課程，管顧公司非常有效率地做好學員課前問卷（KYC），內容包括了六大項目：

➤ 金融業年資；其中以 7~10 年（16 位）佔比最多；和我差不多年資在 15~18 年的有 6 位；

➤ 相關證照：擁有 CFP 證照（國際認證理財規劃顧問）的有 18 位，佔了將近一半；

➤ 服務客戶平均資產規模（人民幣）：7~10 億（9 位），11~30 億（9 位），兩者合起來 18 位，接近一半；另外，60 億以上的還有 4 位，實力相當雄厚；

➤ 覺得與客戶溝通時最重要的三個重點是：

◎ 分析確定客戶的個人特徵，把握其可能的態度！

◎ 條理清楚，簡明扼要地表達產品內容！

◎ 能完整表達，讓客戶充份地接受訊息！

➤ 希望立即增加的專業能力：行銷能力，客戶溝通力，KYC，正向心態與抗壓性的提升，同理心，洞察力，傾聽能力，表達力，說服力。

➤ 想要解決的當務之急：和客戶沒有話題，溝通與信任，需求挖掘，如何行銷保險？如何面對客戶比價？客戶不接受保險產品時，該怎麼辦？同仁們畏懼銷售保險！淨值型產品（平衡基金）的推介技巧！

　　任何銷售都一樣，做好 KYC，可以降低或消弭你的不安和恐懼。

　　看了管顧公司做的課前問卷，我發現：這群北京的銀行菁

英，他們想要提升的專業能力，和眼前想要解決的問題，幾乎都是我多年來做培訓專業的累積，於是我的心就安定了，「定、靜、安、慮、得」。最終，我有備而來，精彩上台，深受這群北京學員的肯定，反應在課後問卷的好評。實力是本錢，心態是後盾，缺一不可！

2. CRM——（Customer Relationship Management）

CRM 的價值與功用，就是要：

◎ 利用資訊科技與流程設計，透過對顧客資訊的整合性蒐集與分析來充分瞭解顧客；

◎ 支援「行銷、銷售與服務」；精確地區隔有潛力的市場；

◎ 提供一對一的客製化銷售與服務；

◎ 使顧客感受到最大的價值；

◎ 提升老顧客的滿意度與忠誠度；

◎ 吸引好的新顧客，創造最大收益。

（摘錄自維基百科）

我曾在「鼎新電腦」講授談判課程，他們是銷售 ERP 和 CRM 系統的市場領導者，我好奇地請教他們:「鼎新的 CRM 系統價值和功用為何？」才知道原來他們的 CRM 系統可以做到：

☆接觸管理快速回應客戶

☆提升業務人員幫助客戶的能力

☆擴大市場觸及率

☆服務最佳化，改善與客戶互動的品質

☆發展客戶深度洞察力

大多公司 80% 的收入來自 20% 的 VIP 客戶！CRM 能幫你區分並管理優質客戶。不僅可以協助你做好：老客戶的服務與管理，新客戶的開發與管理；同時也可以做好新業務的開發與管理——譬如：因應新冠病毒疫情而推出且熱銷的「防疫保單」，就是一個很好的例子。

3. Call Center（客服中心——電話＋網路，主動＋被動）的功用在於：

❖ 掌握每個具有重要意義的時間點，提醒客戶重購！

❖ 貼心祝賀客戶生日快樂，再加送生日折扣禮！

❖ 整合所有系統，快速為客戶解決各種問題！

❖ 透過電話下訂，產品外送到家！

❖ 發掘客戶的隱性需求，開發新訂單！

❖ 將行銷活動、最新產品與服務，精準地通知到有需求的客戶，提升業績，創造雙贏！

4. RFM 模型（Recency ＋ Frequency ＋ Monetary）

根據美國資料庫營銷研究所的研究，客戶資料庫中有三個神奇的要素，這三個要素構成了數據分析最好的指標（摘錄自MBA 智庫百科）：

最近一次消費（Recency）——通常上一次消費時間較近的客戶，應該是比較好的客戶，對於我們提供即時的商品或服務，也最可能有反應。

消費頻率（Frequency）——最常購買的客戶，通常是滿意度或忠誠度較高的客戶。

消費金額（Monetary）——著名的「帕雷托法則」（Pareto principle）也被稱為「**80/20** 法則」或「八二法則」：公司 **80%**

的收入，往往來自於金字塔頂端的 **20%** 客戶。

結合以上三個指標，可以簡單有效地分析客戶價值，擬定銷售策略，創造高業績。

此外，也可依照：客戶接觸頻率，預期成交規模，交易可能性，產品適合度，成交難易度，時間與成本考量等指標，將客戶區分為 ABCD 不同等級的關係度，貢獻度及拜訪量，確實做好客戶關係管理。

從上述的「80/20 法則」，又可衍生出客戶「分級」和「分群」的兩大重點：

5. 客戶分級（一對一：每個客戶的財力，只有一個級別或檔次）──

百貨業者大量廣告宣傳，造勢舉辦每年的「微風之夜」，就是一個標準的客戶分級概念，應邀參加的客戶，享有獨特尊榮，封館消費差異化的待遇，往往在隔天報紙上，總會看到一些「百萬甚至千萬貴婦刷手」，對百貨公司做出即時大額的回報！

申辦信用卡依照財力或償還能力所區分的尊爵卡，大來卡，無限卡，或黑卡，也是客戶分級的證明。通常財力不同等級的客戶，會受到不同等級的對待或經營。如同高資產客戶，招待「米其林」，一般客戶則請吃「冰淇淋」的概念。

6. 客戶分群（一對多：每個客戶會出現在許多不同的族群或群組）──

譬如以下的大數據新聞報導：

女性各年齡層的投保建議：（摘錄 2020/3/3 工商時報）

❖ 20~30 妙齡女性：實支實付醫療，手術險

❖ 30~40 輕熟女性：防癌險，重大傷病險

❖ 40 歲以上熟女：長照險，重大傷病險

◎ 四個世代的難題：（摘錄 2017/3/21 工商時報）

千禧世代（25~34 歲）──起薪低，存錢難；房價高，買不起；收入低，沒理財。

X 世代（35~49 歲）──三明治，負擔高；保險族，活存族；退休遙，未準備。

黃金世代（50~59 歲）──就業難，憂退休；退休近，規劃難；低利率，高通膨。

退休世代（60 歲以上）──沒收入，吃老本；重醫療，常維修；壽命長，不夠花。

每個世代，想法也不盡相同，容易產生「代際溝通」的問題，簡稱「代溝」。

舉例來說，關於「請假」這件事：

X 世代的說法：

「老闆，我小孩身體不舒服，要帶他去看醫生，我想請假！」

Y 世代的說法：

「老闆，我早上身體不舒服，要去看醫生，我得請假！」

Z 世代的說法：

「老闆，我一看到你，就覺得很不舒服，我要請假！」

不同世代，是不是很不一樣呀？

無論客戶分級或分群，做好自己的銷售定位，找到適合自己的銷售客群，就能發揮你的銷售魅力和潛能，創造更大的銷

售價值。

7. 會員經濟——美國量販店好市多（Costco）於 2017 年在中壢開了在臺第一家加油站，油價比市價便宜，帶動會員人數衝破 260 萬人，對於當時在臺灣只有 13 家分店的 Costco 而言，成效斐然！好市多吸引會員的地方是：號稱一年只要加 10 次油，1.300 元的年費就可以回本。你貪它的卡費回本，它賺你的消費超額。Costco 賣的不是商品，是人性！這點不用懷疑，放諸四海皆準。

2018 年，全球首富貝佐斯（Bezos）的跨國電子商務企業——亞馬遜公司（Amazon），在經營了 Prime 會員服務 13 年之後，公開全球會員數突破了一億人大關，績效卓著，大大超乎公司原本的預期！當時 Prime 會員平均每年花費 1.300 美元，非 Prime 的消費者則只有 700 美元，Prime 會員消費成交金額占比高達近 60%，Amazon 極力投資在充實 Prime 的吸引力，可以說是吸引客戶變成忠誠會員的殺招，快速帶動銷售業績大步起飛，足見「會員經濟」的強大力量。

8. 點數經濟——延續前面介紹的「會員經濟」,「點數」,「紅利」,「下載 app」及「行動支付」,已成為各大產業做好客戶關係管理，銷售服務的兵家必爭之地。

以便利商店為例,「全家便利商店」憑著掌握快速「數位轉型」的先機，比業界龍頭老大「統一超商」7-11 更早在會員 APP 上達到破千萬用戶的里程碑。全家很早就推出了自家的行

動支付功能「My FamiPay」，而統一超商的「Icash-Pay」足足比全家晚了一年才推出。由於該功能可以整合行動支付、點數累積、寄杯跨店取……等功能，改善早期消費者需要同時開啟不同 APP 才能實現多方服務的使用體驗，因此大幅提升了用戶的使用意願。全家便利商店靠著「點數經濟」做好客戶關係管理，具體提升客戶黏著度，用「點數、紅利」，創造會員消費「累點」、「兌換」、「轉贈」、「跨通路交換」的會員生態，透過點數回饋，成功抓住消費者的心：「充分善用點數，賺取回饋的心態」，吸引到大批精打細算的小資族，以無與倫比的氣勢，企圖心和具體有效的行動，強力超車業界龍頭——統一超商，堪稱「會員經濟」結合「點數經濟」的經典。這也讓我們學習到，只要：專業有創意，堅持夠努力，天下沒有什麼障礙過不去！

⚑ 高資產客戶的經營與行銷策略

根據臺灣金融研訓院在 2020 年 10 月 30 日公佈的《2020臺灣金融生活調查》顯示：相當規模的高資產客群，有財富管理的需求，但只有約 25% 受訪者表示：在遇到財務決策疑慮時，會尋求金融人員的專業建議。有 21.3% 的人寧可參考廣告或由家人推薦；更讓人訝異的是，高達 67.2% 的受訪者反映：他們從不考慮向銀行尋求財管建議，原因是：「覺得都會推銷！」無論哪個行業，道理都一樣——客戶不喜歡被推銷，但他們喜愛 Shopping（購物）的 fu（感覺），你我皆然。超業絕

對不是在賣東西,「不銷而銷」才是真高手！銷售力,就是你的超能力！

何謂「高資產客戶」？這是很主觀的認定,見仁見智,因人而異,但還是有些標準可供參考依循:

100 萬美金以上的可投資金額,或是資產在一億元新臺幣以上的金額,都可算是高資產客戶。無論是有貢獻度的老客戶,或是有開發潛力的新客戶,面對高資產客戶要如何做好「客戶關係管理」或「客戶深化經營」呢？這個題目很大,我舉幾個實務上的案例來分享:

首先,你必須知道高資產客戶最關心的議題是什麼？包括:

➤如何預留稅源（在離開這個世界,移民天國時,準備好足夠的錢,繳交給國稅局,而不造成子女的負擔）？

➤「實質課稅原則」或「最低稅負制」如何規範？

➤遺產及贈與稅法的規定？

➤海外所得如何課稅？

➤不動產規劃及相關稅務問題？

➤保單要如何規劃才能讓客戶安心一代傳一代？

然而,除了「財富管理和傳承」之外,「健康管理」及「心靈管理」同等重要。在這個後疫時代,財管,健管和心管是「人生樂活金三角」,環環相扣,缺一不可！寫到這裡,正好跟本書第二講所提到「目標設定法」的最後一段,遙相呼應,這是一種人生價值觀,一路走來,始終如一。

事實上,高資產客戶的經營管理,未必要花很多錢,因為論財富,我們可能比不過高資產客戶,但是你的心意,誠意和

創意，客戶會懂，會感動。

2020年，擁有全臺灣最大法律資訊網路書店的「元照出版社」邀請我和管顧界一位資深稅務名師合辦一場講座，主題是：「如何跟稅務人員談判？」現場來了很多會計師和記帳士，還有許多從事財富管理及稅務規劃的金融專業人士。之後，會計師公會和記帳士公會陸續邀請我上課開講。好好跟稅務人員談判協商，追求每次稅務事件談判的圓滿結局，真的很重要。我也提醒大家，除了自己來上課，是不是也可以邀請你的客戶或當事人一起來聽這場稅務談判講座，用少少的學費，大大地幫助客戶學習如何談判協商，不求全拿，但得更多，越談越有利！不僅有助於客戶對你的信賴提升，更有助於你和客戶之間的溝通協商，讓你們跟稅務人員有更好的「交流」或「交換」。這年頭，不了解人性，就等著失敗；不懂得談判，只能說遺憾！所以，邀客戶一起學習成長，也是一種「高資產客戶的經營」，你覺得呢？

幾年前的一個中秋節連假最後一天，應好友邀請，參加一個外商私人銀行在臺北松菸文創「誠品表演廳」所舉辦的「高資產客戶感恩音樂會」──邀請了專門演出臺灣音樂作品的知名樂團──「灣聲樂團」，演出被譽為「臺灣民謠之父」──鄧雨賢老師的作品：《雨夜花》、《望春風》、《月夜愁》、《四季紅》……現場滿滿的來賓，都被悠揚的音樂，臺灣的聲音所深深觸動，中間邀請到名小提琴家──蘇顯達老師來演奏一曲：月亮代表我的心！結束時，還特別邀請貴賓，上台和樂團的音樂家們合影留念，賓主盡歡。這是一場有溫度，有音樂和畫面，充滿感恩與懷舊的高水準音樂會。在我看來，這也是

一種有創意，有品味，高品質且非常成功的——高資產客戶經營！

　　要注意的是，你必須深入了解你的客戶，就算喜歡音樂，也要分辨客戶是喜歡聽臺灣民謠之父的「望春風」？還是樂聖貝多芬的第九號交響曲「快樂頌」？KYC 認識你的客戶，非常重要，切記！

　　一位台中的銀行業務主管分享他如何幫 70 歲的董事長客戶慶生的經驗：

　　他的客戶王董要過70大壽，而這位老董的興趣是——拉小提琴。於是他幫董事長辦了一場小提琴獨奏會，訂好場地，邀請壽星的親朋好友上百人，一起當聽眾，為王董祝壽慶生。親愛的超業，如果你是王董，會不會很感動？身為超業，你會想到用這種方式，為愛拉小提琴的客戶慶生嗎？心意和創意都很重要！請問：幫王董辦場小提琴獨奏會比較容易？還是請到世界知名的華裔大提琴演奏家——馬友友，來王董面前演出比較容易？通常前面的答案比較多人選。高資產客戶的經營，不僅要投其所好，也要量力而為，才能賓主盡歡。

　　還記得前面提到的：「人生幸福輪」嗎？補充說明一下，我以前常在銀行主講客說會（客戶說明會）搭配不同的主題（健康營養，風水開運，法蘭瓷，品酒會……），吸引客戶來分行，以銷售金融保險商品。我發現，越是有錢的客戶，越認真地聆聽我對於「人生幸福輪」的解釋，並努力畫出他們的「人生幸福輪」。我想可能是因為，有錢人最怕「窮得只剩下錢！」，他們要看看這個講師葫蘆裡究竟賣的是什麼膏藥？

　　我也歡迎業務夥伴們把「輪」傳出去，就是把「愛和幸

福」傳出去，讓你的客戶知道：你不只關心他們買不買產品，同時也關心他們健不健康？快不快樂？有沒有很幸福？客戶，會有感覺的，下次不妨試試。

最後，讓我們從：「比爾蓋茲祝賀巴菲特90歲大壽的這個自製蛋糕」，來細看「高資產客戶的經營管理」。

微軟創辦人比爾蓋茲（Bill Gates）在 2020 年 8 月 30 日上傳一段親手做蛋糕的影片，祝賀多年好友巴菲特（Warren Buffett）90 歲大壽，影片細節處處呼應巴菲特的飲食喜好，突顯兩人的好交情。蓋茲在個人部落格 Gates Notes 上發文表示：「很難相信我的摯友即將邁入人生第十個 10 年。巴菲特擁有 30 歲青年的敏銳思緒，笑起來像個調皮的 10 歲少年，吃飯又像個 6 歲小孩。他曾說：看完保險數據才發現 6 歲小孩死亡率最低，所以決定回到 6 歲時的飲食習慣。他不完全是在開玩笑（He was only half-joking）。」

蓋茲在推特上傳的 60 秒祝壽影片，完全呼應巴菲特的 6 歲飲食喜好。只見蓋茲穿著圍裙在廚房做出一個外層鑲滿 Oreo 餅乾的巧克力蛋糕，蛋糕上還畫了巴菲特肖像。蓋茲在影片尾聲切下一塊蛋糕，並用 Oreo 餅乾屑留下「巴菲特 90 歲生日快樂」的字樣。（以上摘錄自：2020.9.1 工商時報）

我們可以跟比爾蓋茲學到的——「人脈經營術」或是「高資產客戶管理」做法：

◎ 蓋茲熟悉對方的 6 歲飲食喜好──知彼知己，投其所好。

◎ 兩人是橋牌牌友和高爾夫球球友──擁有共同興趣及嗜好。

◎ 雙方都喜愛數學和數字──相同特質，重視邏輯，能力匹配，門當戶對。

◎ 共同發起捐贈誓言（The Giving Pledge）慈善活動──財富價值觀相近。

◎ 個人部落格和推特──社群網站，自媒體時代來臨：人人都可以是網路明星！

◎ 上傳 60 秒祝壽影片──善用網路宣傳，推廣及行銷。

◎ 親手做蛋糕祝壽──比爾蓋茲的收入是以秒計價，由他親手做蛋糕的價錢難以估計，祝壽的價值遠大於價格。

◎ 比爾蓋茲母親牽線── 1991 年，兩人藉由蓋茲的母親從中牽線，首度見面，而且一見如故。緣份很重要，中間人（Key man）也很重要。想找到合作好夥伴或是好客戶，你最好主動出擊去認識，出現在磁場接近的場合，請有力的中間人介紹。

親愛的超業，連比爾蓋茲都這樣經營高資產老友（客戶），那你呢？

✦ 人生八有（友）──如何提升你的「感動服務力」？

請你想一想，什麼是「服務」？什麼是「好的服務」？什麼是「優質的服務」？什麼是「五星級」的服務？什麼是「物

超所值的服務」？沒有比較，就沒有傷害；沒有最好的服務，只有更好的服務！服務會帶動你的業務，Double S：Sales 和 Service，缺一不可。

由工商時報主辦的年度「臺灣服務業大評鑑」，自 2012 年開始迄今，已邁入第十年。每年的服務主題包括了：

❖ 讓客戶真正有感，抓住客戶眼球的「魅力服務」；

❖ 強調透過系統化管理，讓服務品質維持一貫性的「服務續航力」；

❖ 針對企業面臨繁瑣細微的客戶抱怨，能否審慎有效解決問題的「客訴處理」；

❖ 服務要做到位，關鍵在於如何切中客戶心坎的「到位服務」；

❖ 創造客戶，業務員和企業三贏的「共好服務」；

❖ 提供客戶意想不到，物超所值，讓客戶驚豔的「超值服務」；

❖ 訂出精準的服務策略，聚焦服務資源的「精準服務」；

❖ 面對冠狀病毒肆虐的全球疫情，如何做好：品質不減，熱忱不變，安全第一，跨業合作及虛實整合的「服務戰疫」，實在是每個產業，所有銷售人員的當務之急。

以下舉三個「臺灣服務業大評鑑」得獎常勝軍的卓越服務為例，提供給：想把服務做得更快，更好，更到位，並帶動業績銷售長紅的你。

1. 國泰人壽：強調誠信，當責，創新，以客戶為中心的服務精神，用「五心級服務」打造令人驚豔的服務宗旨：

誠心接待＋溫心職場＋耐心服務＋貼心叮嚀＋將心比心

2. 和泰汽車（LEXUS）：以「服務」做為其品牌的核心價值，「專注完美，近乎苛求」！

微笑招呼，親切態度；主動回應，迅速積極；同理耐心，解決問題；感動交車，超越期待。其中比較特別的是：「感動交車」。LEXUS 發揮創意，為每一位車主量身訂做出獨一無二的「交車儀式」，頗受客戶好評。

「儀式感」是人們直接表達內心情感的一種方式。法國名著童話《小王子》裡說，「儀式感」就是：使某一天與其他日子不同，使某一時刻與其他時刻不同。「儀式感」是發自內心的認真與熱愛，而不是流於表面。婚禮、慶生 party 或交車儀式都是。問問自己：在你的銷售和服務中，有沒有帶著差異化行銷的「儀式感」元素呢？

3. 「桃園市 1999 便民專線」過去四年來第二度獲得「臺灣服務業大評鑑」——縣市政府便民專線首獎。桃園市成功的服務關鍵在於：

➤政府和企業及個人一樣，都得重視「客訴」，回應要即時有效。

➤「有同理心、苦民所苦」——在服務態度上，將市民當成家人。

➤高標準要求，以耐心、細心、同理心為基礎，傾聽市民心聲，重視市民反映及建言。

➤自我期許——即時迅速地為民眾解決問題。（服務價值觀）

➤即時提供防疫訊息＆迅速回應民眾諮詢。（即時，迅速，落實，確實）

➤建立完整的教育訓練流程，對於話務人員安排 60 小時職前訓練（包括傾聽、管理自我情緒、客訴抱怨處理等課程），每月進行兩次書面測驗。（培訓學習才是王道！）

企業和公家單位要做好服務，超業更要做好服務，那到底什麼才是好的服務呢？

把「服務」的英文單字拆解字母為：S-E-R-V-I-C-E，剛好說明「好服務」定義的七大要素：

S / Smile & Speed（微笑 & 速度）：帶著微笑，加快速度，提供客戶最佳服務。

E / Energy（熱情）：服務熱情可以燃燒一切障礙和挑戰。

R / Revolution（創新）：創新服務就是——沒有最好，只有更好，今天會比昨天更好。

V / Value（價值）：創造服務價值，超越服務巔峰。

I / Impressive（感動）：感動服務無價、烙印於心，讓客戶離不開你。

C / Communicate(溝通)：有效溝通，萬事亨通的優質服務。

E / Enjoy（享受）：樂在工作，開心做好服務與銷售。

顧客抱怨處理的「5 不 5 要」原則：

「5 不」：

不急著給出答案！

不急著做出承諾！

不跟客戶起爭執！

不要激怒顧客！

不要越描越黑！

「5要」：

要認真傾聽！

要將心比心！

要紀錄情節！

要安撫情緒！

要答應顧客會認真慎重處理！

　　星巴克（Starbucks）一向以提供優質的客戶服務聞名，它有一套顧客抱怨處理技巧的「LATTE 守則」：

Listen ——傾聽，鼓勵客戶說出心中的不平或不爽！

Acknowledge ——重述客戶抱怨的重點，了解真正的需求！

Thoughtful ——對顧客的情緒有同理心，並能適時表達同理！

Thanks ——向顧客致謝！

Encourage ——鼓勵顧客再購，歡迎再度光臨！

各家說法，大同小異，英雄所見略同。

　　現在讓我們用「感動服務輪」，檢測一下自己的服務是否到位：

連接這八點的圓，就是你的「感動服務輪」。圓心是 0 分，圓周是 10 分，你給自己打幾分？

王品集團有一個創造優質服務的「三哇哲學」：

第一個哇！好漂亮：怎麼看起來那麼好吃！（視覺上壯觀有份量，感覺很精緻華麗）

第二個哇！好好吃：是讓客人吃下去會感動，捨不得吞下去。

第三個哇！好便宜：怎麼那麼便宜！（讓客人覺得物超所值）

其實每個企業，公司及個人，都需要打造自己的「三哇哲學」！有時跟銀行的學員開玩笑：當客戶走進銀行，「哇——地好滑！」；看到你的感覺是「哇——臉好臭！」；再看完投資分析表：「哇——虧好大！」試問這樣子，客戶還會再度光臨嗎？身為講師，我的「三哇哲學」希望至少是：「哇，課程好有趣！」「哇，講師好專業！」「哇，內容好實用！」親愛的讀者，你的「三哇哲學」是？

一個下著傾盆大雨的午後，在高雄某間銀行的分行大廳，王伯伯看完報紙，起身準備離開，這時候理專 David 跑來問王伯伯有帶傘嗎？王伯伯把傘拿出來給他看，David 說：「外面雨很大，這傘太小，恐怕不夠保險。王伯伯，您等我一下。」說時遲，那時快，Daivid 衝到銀行對面的便利商店，很快地買了一個東西又衝回來，交給王伯伯。「雨真的很大，您穿上，較保險。」王伯伯看著手上的免洗雨衣，和全身淋濕，有點狼狽的 David，覺得很感動，不經意嘆了一口氣，「好吧，你還缺什

麼？」其實這並不是 David 的本意，但他不自覺地說出了「存款」二字。隔天下午，王伯伯存了 3950 萬元的現金到銀行戶頭。從此以後，分行每一位理專的抽屜裡，都放著一件免洗雨衣。

你覺得：是從抽屜裡把免洗雨衣拿出來的「哇！」比較大聲，還是衝出去淋雨買回來的免洗雨衣呢？感動服務力，誰是第一名？沒有最感動，只有更感動！

最後，讓我用「人生八有」，為本篇寫下完美的結語！

常聽人說，如果你有以下的「三人特質」，你可能會擁有真正的好朋友或好客戶：

1. 人緣──不是有多少人認識你，而是有多少人願意幫助你；

2. 人脈──不是你利用過多少人，而是你幫助過多少人；

3. 人氣──不是有多少人當面恭維你，而是有多少人在背後稱讚你。

一個人要吸引更多值得的好朋友，一個超業要擁有更多客戶，或是更優質，更高資產的客戶，最好努力做到：「人生八有」！這裡的「有」，可以是有沒有的「有」，也可以是朋友的「友」，包括了：

人生八有（友）

有品
有用　　有格
有趣　　　　有料
有情　　有容
　　有心

1. 有品： 做人要有品，保括：品性，品味和品質！

2. 有格： 從格局大小，格調高低，看是否獨樹一格？「格局」決定「結局」！

3. 有料： 你這個人專業夠不夠？層次高不高？有沒有真材實料？

4. 有容： 你能不能包容跟自己不一樣的人？聽進去不一樣的想法？古人說：「宰相肚裡能撐船。」「無欲則剛，有容乃大。」心胸寬廣，具有包容的雅量，就更有彈性，銷售的路能走得更遠更久，看到的世界也會更遼闊。

5. 有趣： 問問自己，是不是一個有趣的人？能不能為客戶帶來快樂，新鮮和創意？

6. 有用： 你的專業對客戶有沒有幫助？能不能幫他解決問題或創造價值？

7. 有心： 你是否具備愛心、熱心、誠心、耐心、用心、細心、貼心、包容心、同理心、好奇心和一顆赤子之心……。

8. 有情： 情和義，值千金，上刀山下油鍋，又何妨？做人不用像周星馳電影裡講得那樣誇張，但人生在世，難得有情人，情深義重，情義相挺，情義無價。

以人為本，魅力四射！親愛的讀者，問問自己：「人生八有」，你有沒有？

❖ 比爾蓋茲說過：「最不滿意你的客戶，就是你最佳的學習之源！」（Your most unhappy customers are your greatest source of learning.）

❖ 前王品董事長戴勝益先生說：「在王品，沒有「奧客」

這個詞，只有「讓你心智成長的客人」！打造快樂文化，服務才能高品質！「文化」，正是讓員工快樂面對顧客的最佳武器！這也是 NLP 從屬等級的第六級──「除了我，還有誰？」

我常跟「感動服務力」課程的學員說：「Leader 教了這麼多服務的正確態度，方法技巧和話術，都沒有用～除非你有拿來用。」但是，每當看到態度不佳，甚至很惡劣來找碴的奧客，不要打他就不錯了，怎麼可能還照表操課，做好服務呢？重點是：你得願意做好服務，提高客戶滿意度。那你為什麼願意呢？因為值得！

老闆對我好，所以值得；我的薪資待遇還不錯，所以值得；我的工作很有意義和價值，所以值得；我得顧家養小孩，經濟壓力大，責任很重，所以值得！無論如何，「值得」才「願意」！漫漫人生路，我們不過就是追求「值得」這兩個字而已！

親愛的讀者，努力找到「**值得**」你努力的動力，你才會「**願意**」展現你的服務精神和專業態度，創造價值，挑戰自我，超越巔峰！

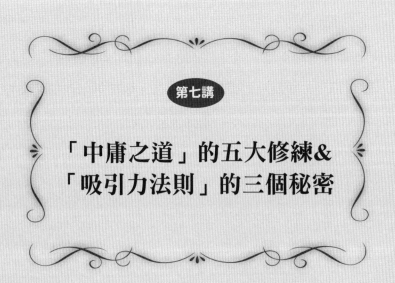

第七講

「中庸之道」的五大修練&
「吸引力法則」的三個秘密

📌中庸銷售力：博學，審問，慎思，明辨，篤行

再次恭喜也感謝你，終於快讀完這本充滿正向力和實用性的「超業筆記」！

我教的不是銷售，是人性！我賣的不是產品或服務，而是客戶更安心，更喜悅，更圓滿，更美好的生活與未來。寫這本書，我想分享的不只是銷售技巧，話術，策略或方法，更是一種銷售的心態與價值觀！你學會了嗎？你是否從「覺得」，到「覺察」，進而有所「覺醒」了呢？

若能有所覺察和覺醒，切記一定要：即知即行，現學現賣，學以致「用」，才能學以致「富」！

「超業」不分男女老少，也不分古今東西——最後，我要結合東方的「中庸之道」，和西方的「吸引力法則」，為這本「超業筆記」，做一個完美的 Ending。

《中庸》是儒家經典的《四書》之一。宋朝學者朱熹將其與《論語》、《孟子》、《大學》合編為《四書》。《中庸》在字面上的解釋是「中道及常理」之意。而執中又當求「中和」，「中」指的是：在一個人還沒有表現出喜怒哀樂時的平靜情緒；而「和」則是：表現出情緒之後，經過調整而符合常理。其主旨在於「修養人性」。

與學習有關的方式——博學、審問、慎思、明辨、篤行。中庸一詞的意思，宋明理學傳統闡述是：「中者，不偏不倚、無過不及之名；庸，平常也。」也有一些學者認為「中庸」一詞所謂的「中」乃是指「心中內在」的修持功夫，若不失其正，其行為舉止自然「不偏不倚處於中間」。（摘錄自：維基百科）

超業的「中庸銷售力」，可以簡單地用以下五大要點說明：

1. 博學：要成為超業，你得努力廣博地學習，精進專業，追求卓越，不只求學習的深度，還要注重廣度及高度，掌握時代脈動，才能掌握全局，把產品銷出去。5G 和自媒體銷售時代來臨，人人都要數位轉型，學海無涯，惟勤是岸。

2. 審問：超業要善問，詳細地求教尋問，才能消解疑惑，找出客戶問題背後的問題，需求背後的需求，發現客戶的利基點與痛點，想辦法為客戶創造利益，解決問題。

3. 慎思：慎重仔細地思考，才能內化昇華，了解客戶到底要什麼？我能提供什麼協助？

4. 明辨：清楚地分辨，了然優劣利弊得失，才知道哪些是我要的客戶？哪些是我能幫上忙的客戶？哪些是真正需要我的客戶？還有，哪些是我永遠不用再等待的客戶，因為：「有些人，你永遠不必等。」

最後一個，最重要的是：「篤行」！現在就去找客戶，熱情地分享觀念和經驗，產品和服務，Just do it，做就對了！篤信，才會篤行——真的打從心裡相信，才會切實地去執行。相信公司，相信產品，相信你自己！中庸追求修養的最高境界是「至誠」。而《三字經》告訴我們：「中不偏，庸不易。」唯有至誠的人，才能一路走來，始終如一，充分地發揮利他助人的本性，進而成為客戶信任的超業。除了博學，審問，慎思，明辨，篤行之外，銷售要掌握節奏和氛圍，不快不慢，不疾不徐，不多不少剛剛好，適度、適時、適量地銷售。這就是：超業的「中庸銷售力」。

📌 吸引力法則：許願，觀想，感恩

很多時候，你是看到做到才相信？還是相信就會看到做到呢？這好像是：「雞生蛋」還是「蛋生雞」的問題，對嗎？當然，也有很多人甚至連看到了都不相信，我們只能送上遙遠的祝福！

我在企業裡分享「吸引力法則──秘密」這門課程多年，「秘密」教我們的是：

◎宇宙喜歡快速！不要再遲疑，猜測或懷疑！（快去拜訪客戶吧！）

◎你必須產生一些要採取行動的靈感！（快展開銷售計劃吧！）

機會在哪裡，衝動就在哪裡！（有客戶在的地方，就是你銷售的舞台和戰場！）

◎行動──這才是你的工作！（不是很厲害才開始行動，而是要持續行動才會變得很厲害！）

◎將注意力集中到你想要獲得的東西──你就會吸引你想要的東西！（業績！業績！業績！因為很重要，所以講三遍！）

◎人們常被當前狀態困住──那只是當前的現實！（客戶拒絕你，不一定是不喜歡你，更不是否定你，也許是你的銷售技巧待改進，銷售話術須加強，銷售心態要調整！）

◎卡關──一直想著自己現在有多不好──繼續卡關！抱怨只會惡性循環！（心情不好時，抬頭看看天空吧！那裡有藍天，白雲，陽光和宇宙無窮的希望與力量！）

◎你一定要讓自己感覺很好，但這並不是例行公事！（你

夠熱愛「銷售」這件事嗎？換句話說，你具備足夠的熱情和自信，去跟客戶分享服務和產品，真心要幫助他們改變現況，擁抱更美好的未來嗎？）

◎將注意力集中到已經擁有的東西，並在日常生活中放射出去，宇宙會找到實現它的方法！（將所有熱情和精力，放到你要銷售的產品和服務，跟客戶闡述如何為他們創造最大的利益和價值！）

除了大家耳熟能詳的：「物以類聚，心想事成」之外，就讓我用三大秘密，為這本書做個圓滿的註解。

一、許願──

還記得兒時的回憶──阿拉丁神燈的故事！神燈精靈說：「你許下的願望，就是對我下的命令，我勢必達成！」長大後的你，是不是跟切生日蛋糕的時候一樣，只許三個願望呢？也許我們都被這個古老的傳說制約框架住了（或是急著吃蛋糕）！其實，許幾個願望並沒有特別的規定和限制。重點是實現願望的三個步驟：

1. 要求（Ask）──你必須「要求」你想要的東西：想想你「真正想要的」是什麼？

「坐下來」，用「現在式」寫在一張紙上（用電腦 key 也行）！

將神奇的宇宙做為目錄，向未知的宇宙下訂單！就像上網訂購東西一樣，在精挑細選之後，把你真正想要的東西，放進購物車就對了！你的月業績，季目標，年度計劃，或是短，

中，長期的職涯規劃，都是一種要求，問問自己，來此做甚？

2. 相信（Answer）——相信你的訂單內容，已經是你的了！但很多人甚至連想都不敢想！

多年前，一位教托福留學考試的老師在課堂上半開玩笑地說：「有同學跟我講，他想申請哈佛，耶魯，史丹佛這些名校，但是他不敢。Come on! 有什麼好不敢的？難道這些名校拒絕你的留學申請之後，還會派殺手從美國越洋來臺灣追殺你嗎？ Don't Worry！Just do it! Try your best! You can make it!」——別太耽心！做就對了！盡你所能！你一定行！

雖然我始終沒申請到這些名校，但老師這段話，卻記憶猶新，在人生的關鍵時刻，常帶給我意想不到的——「相信的力量」！

現在，我要轉送給有緣的你：

無論要去拜訪大老闆或是見高階主管、要去談一個大單或是很艱難的案子、要去見你心目中認為的奧客、要去處理客訴、或是要去談一個感覺很沒把握的 case……

——別太耽心！做就對了！盡你所能！你一定行！

3. 接收（Receive）——你必須將自己處於一種「與你要求的東西相一致的狀態」！

成功需要多久的時間？這跟你與宇宙本身的一致程度有關！

天下沒有白吃的午餐！世上沒有不勞而獲的業績——

☆中樂透，你也得先去買張彩券，才有機會；

☆嫁豪門，你也得接觸到豪門的人，才有姻緣。

☆要申請美國名校，你得下苦功多背英文單字，釐清文法，看懂文章，加強英語聽說讀寫的能力，還要仔細研究各校的招生需求；

☆要成為超業，最起碼你得貫徹「KASH 法則」：

Performance（高績效＋高業績的卓越表現）＝

Knowledge（豐沛的專業知識）＋

Attitude（正確及正向的工作態度）＋

Skill（溝通＆銷售＆服務＆談判技巧）＋

Habit（良好有效率的工作習慣）

成功只有盡力，沒有捷徑；成交只有累績，沒有奇蹟！

二、觀想——

「觀想」就是：在你腦海中，內心裡，勾勒描繪想像出「你正在享受你所想要的那個事物，東西或成果的畫面，並產生一種現在就已經擁有它的思想，力量和真實感覺！」

身為講師，我常想像自己準備充分並自信地站在講臺上，熱情分享課程內容，和臺下學員有著良好的交流互動，而學員對我的回饋是：感謝的微笑和熱烈的掌聲；

身為超業，你是否可以觀想：你正在高資產客戶面前侃侃而談，客戶頻頻點頭認同，你的全心全力銷售，叫好又叫座；或是你已經站在海外高峰會的頒獎典禮上，穿著正式地接受臺上的榮耀和臺下的喝采？人類因夢想而偉大，最可怕和可悲的是：你連想都不敢想！

決定你想做什麼，要做多大，相信你能得到它——真真切

切地相信它是可以實現的！閉上眼，每天觀想幾分鐘——讓自己處在那種「已經擁有，真實且美好的感覺中。」提醒你，這可不是在做白日夢喔。感覺就是一切——用盡手段和力量來產生：「我正在擁有的感覺，並記住它」，這將為你帶來更多的勇氣，信心，希望和力量！

　　舉例來說：「夢想畫板」或「願景板」都是一種觀想的工具——你想達到怎樣的目標，做到多大的業績，完成何種理想，成為怎樣的人……發揮想像和創意，用盡你的真心和誠意，把雜誌或報紙上的相關圖案照片，剪下來貼在白報紙上，然後放在你的書桌前，三不五時拿來提醒或激勵自己，就算是幾句激勵文也行，唸唸不忘，必有迴響，莫忘初衷，勢必達成。這，就是「觀想」的威力！

　　銷售的最高境界是「有畫面的夢想」：帶人入夢，引人入勝，預見未來，置身其中——幫自己和客戶打造屬於你們的夢想藍圖——現在的一切，都是過去思想的結果；想要擁有明天的豐收成功，你必須從現在開始：學會觀想，勇敢夢想，正向思考，一切美好。

　三、感恩——

　　◎列一張感恩的表，將要感恩的人或事寫下來，把好的事拉向自己！

　　舉例來說：每天睡前，寫下自己今天在業務銷售上最值得感恩的三件事。包括：「業績成交」，「客戶約到」，「客戶的認同與肯定」，「夥伴的感謝與讚美」，「主管的稱許和表揚」，「同事合作愉快」，「成功開拓新的職域」，「加入一個正念積極，有商

務合作機會的社團」，「客戶轉介紹」，「陌生拜訪成功」，「電話約訪成功」，「客訴問題解決」，「上了一堂讓自己學習成長的好課」，「聽到一句激勵鼓舞支持的好話」，「看了一本改變觀念或增進銷售技巧的好書」，「聽了一場振奮人心的演講」，「做了慈善行為或參加公益活動，幫助了需要幫助的人」，「分享自己的銷售經驗，心得或技巧，讓別人更好」……感恩支持鼓勵你的貴人，也感謝不看好或打擊你的人；感恩幫助你，拉你一把的人，也感謝被你幫助和支持的人，因為「施比受有福」；感恩你的合作夥伴，沒有他們，你目前的業績或成就會增添很多困難與麻煩；也感謝你的競爭對手，讓你每天競競業業，精進專業；更重要的，千萬別忘了感謝今天和昨天之前——這樣努力的自己，讓你擁有更美好的明天！

就算今天沒有好事發生，好人出現，沒有壞消息就是好消息，健康就是財富，平安就是福。古人說：「勿以善小而不為，勿以惡小而為之！」不要以為「長懷感謝心」不重要，就不懂感恩；更不要以為抱怨、批評、責備沒什麼，就總是掛在嘴邊。無論如何，你說出去好或壞的話，宇宙都會找時間找機會還給你的，切記！切記！切記！

◎集中你的注意力，把生活或工作的重點放在：已經擁有的一切，並衷心感謝。

◎就從這一秒起——停止抱怨，表達感謝，只有滿懷感恩才能真正享受你所擁有的一切！

◎保持感恩的心態，立刻努力改變自己的生活！

◎正面思維——只觀想我所想的東西：富足，愛與快樂。

◎學會感恩，讓你不再懷疑人生！

第八講

超業專訪：
它山之石，可以攻錯
——向高手致敬！

還記得在「自序」中提到：無論做為頂尖講師或是銷售超業，都應該致力於提升自己的：「樂學八度」嗎？就讓我用本書的最後一個「樂學八度輪」，介紹以下五位超業出場，讀完這一講，你會發現：天下武功，盡出少林，英雄所見略同～沒錯，就是這樣！

▼《超業專訪》汽車銷售天后——車神娜娜

特立獨行，鶴立雞群，一開口就讓人驚豔的汽車銷售天后——車神娜娜：

➤一年 365 天，平均一天可以賣出「一點多」部車！（把車子當作一天一杯的咖啡賣！）

➤銷售最高記錄：單月賣出 102 部車！（這是賣汽車還是腳踏車？）

從第一志願北一女，到銷售記錄第一名的賣車女王！

第一次見到娜娜，是在一個整天的銷售講堂，聽說臺上那位熱情澎湃，講話中氣十足，充滿自信且超嗨的講者，有個響噹噹的名號，叫做：「車神」（在這之前，我一直以為車神是：

舒馬克！）而她也是那天讓我印象最深刻的講者，其中最觸動的三個小故事是：

1. 她不會打高爾夫球，卻訂製了 20 萬元——粉紅色的 HONMA 球具，用意並非陪高資產客戶下場打球，而是預先買好戰利品，讓自己沒有退路，全力往前衝！一開始輪到她時，都讓別人打，她則繼續聊天，就這樣走完 18 洞，正常的節奏也差不多要 3,4 個小時，就算不打球，體力也要夠好。換做是我，一定會被客戶趕出場，變成拒絕往來戶。但她就有辦法下球場不打球，陪客戶開心打。這招有創意，真是厲害！

2. 她將目標客戶的重點之一，鎖定在計程車司機族群，因為很多計程車都是 Toyota。所以無論到哪裡旅遊，她都是最後一個離開的人，會跑去計程車排班處發名片，熱情地自我介紹，告訴司機大哥們：她是誰？為何要跟她買車？以及跟她買車的價值！

3. 她會買雞排或下午茶進辦公室請大家吃，因為無論內外勤，大家都很辛苦。身為公司的超業，這樣做難能可貴，因為在很多超業的眼中，只有客戶，沒有同事！對別人好，不求回報，施比受有福。

◎「超業跟羅馬一樣，不是一天造成的！」——

從讀北一女時，娜娜就發現：人可以透過後天練習而改變。先設定小目標，再逐夢踏實地一步一步往前走。譬如說：「先賺錢買下安全帽，就會看到摩托車在不遠處向你招手！」我是讀政大政治系的，但聽她說才知道：原來當「助選員」比一般打工還賺！

◎從「每天至少被三位客戶拒絕」的目標設定——到「獨

孤求敗」的境界！

一開始做銷售，先設定每天至少要被三位客戶拒絕，這是一種正向銷售思維，讓自己不那麼害怕被拒絕，但一定要從拒絕中學習成長。漸漸地被拒絕的次數變少了，成交的機率提升了，在成為車神娜娜之後，她拒絕被客戶拒絕！也許這個客戶要花 3 小時才可成交，但她把時間用在別處，可能獲益更大，於是換她做銷售的選擇，讓自己創造的價值極大化。

◎登門檻效應（得寸進尺效應）──

娜娜直言客戶買不起太貴的車，站在客戶的立場，要客戶量力而為，買目前經濟能力負擔得起的車子，才是最佳選擇！之後客戶有錢了，還會再來跟她買車。

◎峰迴路轉地幫客戶做購車決定：

仔細詢問，聆聽客戶的情境和需求，察言觀色後，先建議客戶買他比較不喜歡的那部車子，當客戶皺眉頭猶豫之際，再誠心地告訴客戶：其實另一部車才是他的真愛。

◎對老闆升官的致敬心意──單月賣掉 102 部車的神績！

當大老闆要升官時，娜娜誓言要破自己的記錄，單月賣出 100 部車，以彰顯老闆的卓越成就，這是一種「強將手下無弱兵」的概念。但當她跟老闆要求公司多給些資源，以利達成創新目標時（不愧是超業，敢賣也敢要！），老闆笑著說：「若是傳出去，大家知道妳是靠著我和公司的支援才破記錄，豈不有損妳車神娜娜的威名？」果然是老闆，了解其第一戰將的個性和能力。最終不靠公司，娜娜照樣破記錄地在當月賣了 102 部車。

她說：「我沒老闆有錢，但我有心有能力。」

天下無難事，只怕有心人！情和義，值千金──懂感恩，

比做超業更讓人佩服。

◎是「李敏鎬」,不是「李榮浩」!

當娜娜發現一位難纏的貴婦,手機裡 line 的圖案是韓國大帥哥:李敏鎬,她便趕快 google 這位韓星的履歷,向貴婦表示她也是粉絲。「銷售五同──同鄉,同學,同事,同宗,同好」這時候拿出來用剛剛好,立即奏效,奧客變同好,馬上就成交。

◎車神娜娜的「銷售領導學」──

娜娜協理親自示範銷售技巧,傳授銷售「撇步」,和同仁做 role play,手把手教學,仔細觀察銷售夥伴在客戶面前的應對進退,耐心地反覆教導部屬!她的領導理念是:現在辛苦點把大家教會,先苦後甘,之後各自運作,獨立銷售,打造高績效團隊!

◎我比別人更有趣,更加有創意──「五分鐘的專業」:

凡事涉獵廣,但不用深。例如請教兒子和女兒之後,得知所謂「鬼滅之刃」就是:「一個哥哥背著他妹妹,一路殺鬼的故事!」最多講五分鐘,剩下換有興趣的客戶接著講,自己當個聽眾學更多。聽到對方想說,是超業的基本功。

◎顛覆一般銷售順序的超業──「老虎型的超業:麻煩講重點!」

談到銷售,很多人會說:「前面大部份的時間是在聊天搏感情,最後 10 分鐘才講商品簽約。」但是娜娜通常反其道而行,她會跟客戶說:「既然我們都知道您要來買車,不如直接講重點,看您要買什麼車?我會盡力滿足您的需求!省下的時間,我們再來好好聊天,你知道我是充滿歡樂正能量,會讓客戶購

車滿意，聊得開心的車神娜娜，對嗎？」

◎知彼知己，察言觀色，問出好關係（業績）：

若客戶沒概念，不知道要買哪種車，娜娜會透過問問題，了解其家庭背景，經濟狀況及購車需求，仔細聆聽，觀察客戶表情或細微的動作，推薦最適合客戶目前需求的車子，迅速成交，讓客戶滿意，皆大歡喜。

◎Think Big（眼光看遠，目標看大）——

凡事不用錙銖必較，要看整體利益，只要日後所得足以彌補今日所失就好。

◎Givers Gain（付出者收穫）——

樂於分享，熱心助人，無私地協助同仁銷售，締結成交，增加客戶。我幫你談成 case，你幫我做好後續的交車服務，團隊各司其職，夥伴相互扶持。

◎面子不重要！堅持把小事做大，做好，做極致才是王道
——

不用覺得被客戶拒絕很丟臉！到哪都一樣——你認真，別人才把你當真！

◎感恩：

感謝一路走來力挺支持，鼓舞拉拔的貴人；也感謝不看好，嘲諷或攻擊的「貴人」，這些都是人生路上成長茁壯必要的養份。

◎學無止境，好學好問——

不會不熟，就多觀察別人怎麼做，答案在嘴裡，不懂就要問，學會就是你自己的。

◎銷售的節奏與心法——

大多人不是「怕被拒絕」，而是要「趕快成交」，忽略了客

戶的需求和感受！

◎絕不攻擊同業，但要告訴客戶「為何要選我？」──

只強調自己勝出的好──這是一種銷售價值觀，也是娜娜的人生價值觀。

◎不跟別人比，只跟自己比──

每天都要進步一些，日起有功，樂在其中！

◎娜娜覺得超業最應具備的條件：

1. 態度決定一切（嚴守本分，全力以赴，做什麼像什麼！）

2. 時間管理（守時有紀律，超業第一名！）

3. 忠誠度（娜娜感謝公司 22 年來的栽培支持，一路走來，始終如一，相信選擇，選擇相信，信念堅定，不動不移！）

◎眼中充滿自信，嘴上常保謙虛──這才是真正的銷售強者，高手中的高手！

◎沒有能不能，只有要不要──高手；

沒有能不能，只有一定要──高高手！

◎我賣的不是車子，是「快樂」！

正念，樂觀，熱情，有趣，親和，創新，認真，紀律，學習，努力，堅持到底……與生俱來的超業天賦，加上 22 年的銷售實戰經驗──這就是江湖傳說中的：車神娜娜！

📌**《超業專訪》商用不動產銷售天后──呂佳紋**

有「仲介業金馬獎」美譽之稱的「金仲獎」得主── 2016

年度經紀營業員楷模第一名的商用不動產天后：盈佳不動產（Winners Real Estate）的創辦人呂佳紋（Angela）：

她——榮獲第 17 屆傑出「金仲獎」經紀營業員楷模，更獲得當年的「金仲獎評審團大獎」第一名殊榮。Angela 不只是一位極致專業的仲介超業，她外表出眾，談吐舉止優雅（豪宅的新客戶常把她誤認為是貴婦買方！），待人親切有禮有溫度，重視服務，以客為尊，為買賣雙方找到最好的獲利點！「來盈佳——您註定成為贏家！」

◎金牌業務呂佳紋 高挑版林心如 戰勝房市寒冬

許多接觸過呂佳紋的同事和客戶都說，第一次看到呂佳紋，就覺得她的外型和笑容酷似「大眼版」的港星楊采妮、也非常像「高挑版」的林心如；加上她舊金山州立大學企業碩士的亮眼學歷，曾任職戴德梁行、從物業代理做起，再轉戰到第一太平戴維斯，更為學經歷加分不少，代理動輒幾億元、10 幾億的成交案例，駕輕就熟。（摘錄：工商時報 2015.12.9）

◎房市寒冬這招破解！美女房仲賣出 7 億房 領 20 個月年終

長長頭髮大大的眼睛，看起來有一點林心如和賴琳恩的明星臉。第一太平戴維斯資深經理呂佳紋：「外表會讓業務有加分作用，可是如果當客人跟妳深談，發現妳是沒有內涵的話，那客人他其實沒辦法跟妳做更進一步討論」。「拉不下臉的時候當然是有，但就要用比較樂觀的心態去看待，自然容易海闊天空。」（摘錄：三立新聞網 2016.1.26）

Angela 的「三要兩心」：

1. 要紀律至上——「以前在外商不動產公司工作，被要求尊重客戶，嚴守紀律；現在自己出來創立公司，更要如此。」Angela 堅信「一個沒有紀律的業務員，是不會獲得客戶信賴的。」紀律包括：工作態度、守時守份、自我要求、銷售專業提升及客戶服務。不動產商品動輒千萬，商用不動產的價值甚至上億或數十億，上百億都有，高標準職業道德的人格操守，絕對是客戶信任的核心價值，「超業」無紀律而不立。

2. 要勤奮積極——剛出社會，在戴德梁行工作時的大老闆——董事總經理顏炳立先生曾說：做房仲業務的基本條件是：「眼要利，嘴要甜，手腳要快！」至今仍是 Angela 自我要求的基本功：

「眼利」就是要：會察顏觀色，知彼知己；

「嘴甜」就是要：說好話，會稱讚人，能跟客戶聊得開心，聊到重點；

「手腳要快」指的不只是看屋要快，簽約要快，服務也要快，不落人後，而且服務常常會帶來銷售，所以動作要勤快，把「辛苦度」和「積極度」表現出來，讓客戶看到妳的勤勞和辛勞，同時記住你的好，成交率自然高！

3. 要終身學習——「不動產業，就像在賣資訊的一個行業！」所以有機會就要學，時時抱著空杯心態去學習！接受採訪，她還在做筆記，由此可見一斑。

◎ 莫忘初心，並常懷感恩的心——

Angela 不只是一位商用不動產界的超業，同時也是一位虔誠的基督徒。她說：「信念最重要！我覺得不動產業的銷售工作是人的事業，談的是人與人的經營，賣的是人與人的信任。憑

藉信任，用心經營，讓業績開花結果，水到渠成。我的價值觀是：身為業務員，尤其是超業等級的 top sales，必須設身處地，以「利他」為前提，作為出發點，所有銷售行為都必須要有利於客戶，為客戶著想，對於客戶的信任要永遠抱著感恩的心，這才是：得到訂單、永續經營的關鍵所在。」（您說對嗎？微笑點頭──）

我們來看看右邊這個盈佳不動產的公司 logo。

Angela 說：「贏家＝ Winners 是複數，代表不是我自己獨贏，而是要互助合作，創造三方皆贏。」3W 內層的 W 代表買方，外層的 W 是賣方，而中間的 W 則是盈佳（贏家）不動產。很多客戶說，Angela 是仲介業的天生好手。但誰又知道她在這個行業付出多少學習的時間和經驗，當初頂著留美企管碩士的光環，回國跑去做不動產業的銷售，轉眼一做就超過十七個年頭，Angela 特別感恩媽媽當年獨具慧眼，一路支持與鼓勵，也感謝一路走來曾經支持任用她的主管們、教導她的職場導師們、扶持她的客戶們。果然，她不負眾望地在 2016 年榮獲金仲獎殊榮，更於 2018 年離開前五大的知名商用不動產公司，自行創業，大展鴻圖。Logo 中間的那個有如天鵝引頸迴旋的 W，代表著「莫忘初心」，及在仲介過程中最重要的「溝通協調能力」。因為盈佳不動產的專業與操守，讓買方開心，賣方放心，創造三贏，絕非虛名。這不是一般人能做到的，但 Angela 做到了，真的很厲害！這就是：盈佳不動產公司創辦人，第 17 屆傑出「金仲獎」經紀營業員楷模──商用不動產銷售天后：呂佳紋。

🖈《超業專訪》MDRT（保險百萬圓桌會員）《註1》, 南山人壽「高資會」──黃佳玫

她是 108~110 年的 MDRT（保險百萬圓桌會員），南山人壽「高資會」──黃佳玫。

佳玫的座右銘:「發生即是恩典」──充滿正向能量，勇於面對困難，時常心懷感激，業務做就對了!

算命先生說佳玫適合做業務，真的很準!從電信公司內勤企畫人員，跳槽到房仲業，但完全沒有教育訓練，店長直接丟兩把鑰匙，叫她自己畫設計圖。早出晚歸，生活形態跟一般人不一樣，沒有假日，但她得顧小孩。只做了兩個禮拜，她就跟房仲業說掰掰。

然後她接觸到富邦人壽，看到主管年薪 300 多萬的薪水條，眼睛為之一亮，沒想到做保險這麼賺，開始思考轉戰保險業。在她自己的南山業務員，和同樣是南山業務主管的小嬸積極要約下，最終還是選擇了家人，跟小嬸一起來南山人壽打拼，從此南山多了一位超業，這一做就是 15 年!

《佳玫的超業筆記》

1. 做業務最重要的是──要有企圖心!所謂「企圖心」，就是對設定目標的追求，一旦訂下，使命必達。她是個容易被激勵的人，聽完課，覺得臺上老師講得很有道理，就會照著去做，她說:「自己是個聽話照做的好學生」，她覺得:「人生其實不用想太多」，對的事，就去做!

2. 做業務要很有耐心──用心準備，認真學習，全力銷

售，剩下的就是：「等待好結果的到來」！

3. 佳玫說：「羅馬不是一天造成的！」做業務要很積極、認真、勤勞——她沒什麼「撇步」，只是很務實地一步一腳印！主要靠「轉介紹」，會主動引導客戶協助轉介紹。「Leader，感謝你肯定我的專業和服務，你家人都有買保險嗎？買哪一家？有沒有機會我幫他們看一下保單健診（保單檢視校正）？」

4. 佳玫很有親和感——她不是外顯孔雀型的業務員，之前做 DISC 測驗較偏「無尾熊型」。她注重和諧，做人低調，步調較慢，但深入人心。可以跟客戶聊很多，很容易打成一片，轉介紹的客戶最終反而成為她的好朋友。「親和感」尤其讓她得到長輩客戶的喜愛和信任。

5. 協助客戶找到痛點，並解決這個痛點。特別是高資產客戶，面臨很多公平傳承的問題，譬如說：「保單指定受益人」的功能，是一種資產傳承的方法。客戶不了解如何運用，也許對別人有苦難言，但遇到非常能同理，愛心滿滿，善於關懷他人‧熱心助人的佳玫，客戶宛如久旱逢甘霖，找到知己或救星，願意掏心掏肺地把心裡話都告訴她。信任帶來新幸福，這是佳玫成功的重要關鍵！聽到對方想說，說到對方想聽，真心誠意地盡力幫助客戶解決問題，創造價值——這就是超業！

6. 她說：自己是鄉下來的孩子，喜歡單純，不愛太複雜，她覺得：「只要專心做本業就好了，就夠了！」

7. 保險是很自由的行業，必須搭配更高檔的自律，才能把這個行業做好。要會自我管理，把自己想成是創業的老闆，一開門就要錢。正確的思維很重要，但這很不容易，因為逆著人性。要時時把自己做業務的刀磨利，隨時準備上戰場。這個產

業資訊爆炸，要不斷學習成長——做業務必須有 1/3 的時間學習，1/3 時間銷售，1/3 時間學習組織管理，發揮團隊戰力。

8. 每個人對成功的定義不一樣！對佳玫而言，「生活達到平衡」就是一種成功。努力過「全人的生活」《註2》：財務，健康，家庭，心靈，良好的人際關係……缺一不可。

9. 在客戶眼中，她是一個忠誠正直的保險顧問；在同事眼中，她是個正向思考，豁達有溫度，願意傾聽，也願意幫助他人的超業。

10. 業務就是：「想到做不到，做到想不到」——只靠想的，永遠無法實現你的目標和夢想；不要想太多，做就對了，有時會讓你喜出望外！踏出第一步，就有機會完成目標，超越自我。你不試試看，怎麼知道自己行不行？人生永遠有意外，也有奇蹟會發生。很多業績都是出乎意外而來的，重點是：你必須有備而來，有備無患。問問自己：你有沒有努力去做，耐心去等？做業務，要永遠心懷盼望，人類因夢想而偉大——

「客戶的信任」是南山人壽高資會超業——黃佳玫，持續努力，保持銷售高效戰績的最大動力！那你呢？

📌《超業專訪》2019 亞洲信譽壽險業顧問獎得主——劉珈君

每個超業幾乎都是行程滿滿，而邀約珈君的那一天，她的行事曆剛好也是滿檔。晚上又有台大 EMBA 財金學會主辦包場的迎新電影欣賞會——「聽見歌 再唱」首映會。她說：「老

師，我剛好有兩張票，要不要一起看電影？順便聊聊你的新書。」訪問超業，就要拿出超業的精神和態度，把握每個銷售或採訪的機會。於是，在她忙了一整天的銷售行程，結束跟VIP客戶們的下午茶，趕到臺北市信義區的MUVIE CINEMAS（遠百信義A13），距離電影開演還有約50分鐘的時間，我們就邊吃熱狗堡，邊喝可樂，邊聊她的「超業人生」！

珈君不只是：國泰人壽行銷總監、MDRT百萬圓桌頂尖會員、IQA國際卓越品質獎、IDA國際銀龍獎、2019亞洲信譽壽險業顧問獎、2019保險信望愛「最佳專業顧問獎」、MDRT Speaker、國泰人壽首屆年度大賞得主；

她同時也是：永康國際商圈副理事長（五年資歷）、台大EMBA財金組、中國科技大學業師；她更是三個孩子的媽，這點尤其令我佩服！事業，課業，家庭三者要兼顧，這是怎麼辦到的？除了有一個全心全力支持她的另一半，旺盛的鬥志及企圖心、對這世界充滿好奇心和學習心、對保險志業的熱情與熱愛、對保戶信任的感恩與責任、數位工具的熟悉與善用、及高效能的時間管理、都是她成功的關鍵因子。

說到超業應具備的三個條件，首先，她說她是「學習狂」，這一點都不假。撇開工作不談，能考的金融專業證照差不多都拿到了，讀了兩個碩士（台藝大應媒體研究所、臺灣大學財金研究所），不斷上課聽講，充實自己的專業能力。我們第一次見面，就是在我的「雙贏談判力」整天課程中，認真學習的熱情和活力，讓我印象深刻，而且這還是一位我老東家「國泰人壽」品質保證，且被公司視為業務員標竿的超業，令人眼睛為之一亮。她提到：成為超業，首先要了解自己的優勢，她喜歡

接觸人，善於溝通，對於趨勢、社會風向的敏感度很高，同時經營三個自媒體，從這些自媒體裡面，她建立了專業、權威感，也讓客戶對她更有信任感。

其次，她也是個「數位控」。「數位飛行，以愛為名」——為了傳遞保險的愛與價值，她善用數位工具（Facebook、LinkedIn、IG、Line、Wechat…等等），用零接觸科技體驗，加速銷售流程。為了節省時間，她會請 Uber 把客戶接來辦公室簽約；不常跟客戶吃飯，見面即簽約；用數位工具維繫客戶，做客戶關係管理。譬如：請 Uber Eat 把慶生蛋糕送去給客戶！她說：「高資產客戶也很忙，平常不用煩他們，有需要協助的時候，義無反顧地迅速出現即可。平常利用數位科技聯繫，雙方都省時省力，同樣可以維繫感情，做好客戶深化經營。」

她以電腦軟體預排工作及家庭的幸福時刻，離開原地遠離舒適圈，克服困難成為自己的王者。她說：「方向比速度重要！與其在錯誤的道路上狂奔，不如在正確的路上快跑。」

最後一點，她說：「我自己就是一個數位轉型，多元併進的——商務人脈平台！」

認識的人不用多，認識珈君就足夠。身為：包括知名小籠包店——鼎泰豐的「永康國際商圈」副理事長（志工不支薪），這幾年她為商圈的規劃再提升，甚至疫情期間的因應策略，都貢獻了很多心血，也去跟政府相關單位爭取了很多協助和預算，除了為商圈開闢了新的出路，也為自己的超業銷售路，打開了另一片天地。在這裡做了快五年，遇到 2020 年的冠狀病毒，疫情時代，患難與共！結合國泰人壽和永康商圈——共好、共贏、共患難！先利他，再利己，大力行銷永康商

圈。2020 年結合公益，發行永康國際商圈公益 85 折價卷，面額 100 元，每張捐贈 5% 給衛福部做公益，共達 100 萬張，突破 1 億元；配合政府三倍券，發行 85 折價券共同對抗疫情，增加消費者權益。用保險 2.0 精神「What if we could?」，實現國泰人壽新價值——「給人幸福，就是幸福」！並跟 Uber Eat 和 Foodpanda 等外送業者談判，要求降價，共體時艱，一起把餅做大！

珈君是國泰寶寶（父母都在國泰人壽服務，帶有國泰 DNA 的從業人員），在國泰人壽服務 16 年，期許以家族企業精神延伸組織發展，營造個人及客戶之間的平台通路，雙贏共好、互利共存。人生的賽道不需完美，但要平衡，展現「全人精神」，達到「全人生活」的工作理念。她企盼藉由自身的努力，吸引更多優秀且志同道合的夥伴來國泰一起打拼，加強對保戶的深耕服務，讓保戶更信任公司和自己。在未來的發展中，期許自己能帶領更多同仁，以保險實現自我，創造個人新價值！她相信「不忘初衷，方得始終」，這也是她做人、做事的堅持。用堅實的專業知識為每一位客戶創造最大的價值，這就是國泰人壽超業——劉珈君教我們的超業筆記，你記下來了嗎？

🎺《超業專訪》32 年的安麗鑽石直系直銷商——陳惠燕

放棄普考資格——不去自來水事業處 & 揮別高考及格——離開中國石油公司，進入直銷事業的社交電商：「安麗鑽石直系

直銷商」的陳惠燕！

　　我請教惠燕，遙想 32 年前，為什麼放棄人人稱羨有保障的政府公務人員職位，為了拿回人生發球權（時間、生活方式、成就自主……），而進入大多數人不看好，甚至排斥的直銷事業領域？

　　她說：「人生有很多因緣際會，在某個時間點，看到了怎樣的人，事，物而讓你做了改變的決定，有時候，這個決定就是一輩子，無怨也無悔。」回想當初的起心動念，既不是要做業務，也不是了解安麗事業有多麼棒的願景，而是在一次安麗的說明會中，她看到了人生的學習榜樣和標竿——32 歲的王老師（目前為安麗直銷寰宇體系的最高獎銜——皇冠大使），和王老師的上線——陳老師。同樣身為女人，為何這兩位女性是這樣地有活力，魅力和影響力？這讓當時在中油上班的惠燕既訝異，又羨慕，而且佩服不已。她開始重新思考人生未來的路。一開始先兼職做安麗直銷事業，五年後更不顧家人的反對（就算是現在，恐怕也會鬧家庭革命吧，何況是 30 多年前，直銷事業正當萌芽發展的初期階段。）不禁讓人佩服惠燕的眼光，決心和勇氣。毅然決然地辭去中油在當時既穩定，又令人稱羨的工作，全心全力投入安麗直銷事業的經營。

　　有些人做安麗直銷事業，是為了自己和家人的健康，他們在這裡找到解決方案，就覺得這件事很值得去做，甚至「後疫時代」，更顯現「大健康產業」的契機，這也印證了自己當年的眼光和幸運。惠燕說：「安麗跟其他公司最大的差異是：當你有一天退休了，並不是歸零，你是安麗公司的合夥人，你過去所累積下來的基礎和保障，是可以傳承給下一代的——努力從

不會歸零！」

除此之外，「生活方式（形態）」也是一個重點！惠燕笑著說:「有些人就是不喜歡被僵化在固定的時間和地點，直銷的工作時間，地點可以由自己決定，要見什麼樣的客戶，自己可以安排。這種有高度彈性的工作，生活形態由自己做主的方式，是我所嚮往的·於是我最終還是選擇了安麗，離開公務體系！人生，本來就是一種選擇而已，對吧？」當然，自由背後是更堅定的自律，否則無法在這個產業一待就是 30 年以上，而且還這樣樂在其中，儼然是一位──邊玩樂，邊工作的創玩家！

惠燕心中《超業最重要的三個條件》是:

1. 明確目標（Focus）:「沒有目標的帆船，永遠遇不到順風，也永遠到不了彼岸！」

自助人助──目標明確，就不會失焦，失去方向，你認真，別人才把你當真！

惠燕以自己為例:

剛進來安麗時的目標是 9%（安麗的業績獎金標準: 從 3%~21%）

目前短期的目標:「創辦人鑽石」（安麗公司的獎銜之一）

長期的目標:「皇冠大使」（安麗公司最高的獎銜）

2. 有效行動（Action）:

目標明確，就不會浪費時間。透過學習，自我修練，自我提升，讓每一次的行動都是很有效率的。以安麗的工作形態而言，每一次的聚會都必須是有效能的聚會，而不是胡亂地聊天，讓每一次的活動都能達到預期的效益，未必要講商品，談

服務，譬如說：她已經舉辦了 30 幾年的「Power Lunch」——每週一的商業午餐聚會，重點不在介紹安麗事業，而是要讓每一位初次參加的人，開心有收穫，願意再來參加，廣結善緣，找到志同道合的朋友，發掘能夠合作的機會，就足夠了。

後疫時代，善用科技力，創造影響力：社群運營、吸粉、養粉、引流、擴大市場版圖，是超業與時俱進，銷售成功的關鍵！

3. 咬住不放（Persist）：「不放手，直到目標到手！」堅持到底，就是勝利。說來簡單，做起來更簡單，只要你：相信，願意，夠努力！而「盡力」，就會為你帶來「淨利」，Why not? Just try your best!（何不盡力一試？）

最後，惠燕分享她成功最重要的核心價值：「團隊支持，複製傳承」：

成功的路上，一路要有教練的教導，團隊的支持。每個公司都差不多，不是只有前線的銷售同仁勤拜訪，邀約客戶，做業績就夠了，後勤夥伴的全力支援，是組織做大，業績成長，事業成功的重要關鍵！沒有誰比較行，缺一不可，職場上處處都有教練，做人要長懷感謝心。這是「英雄淡出，團隊勝出」的時代——想想看，你很強，自己一個人做一千萬，和「有五個人，每人做200萬」相比，結果是一樣的。但千萬超業難尋，團隊力量大！這個年代，「複製成功，無私傳承」——才是決勝負的關鍵！「復仇者聯盟」的成功，不也是如此嗎？

「超業」絕對是一個：服務好，有魅力，受歡迎的人。但成功經常是來自於：「有多少人跟你一樣優秀！」不用一枝獨秀，

要讓你的夥伴跟你一樣好，一樣優秀，甚至「青出於藍勝於藍」。當然，這跟公司的制度有關，顯然安麗公司的制度有做到：吸才，用才，留才的境界，否則惠燕應該不會待到 30 年以上，還樂此不疲吧？

這是安麗鑽石直銷商——超業陳惠燕的銷售筆記，會不會讓你覺得耳目一新，躍躍欲試呢？

挨家挨戶，永不放棄——身殘心不殘的銷售之神：比爾波特

2002 年上映的「Door to Door」（譯名：天生我才必有用，永不放棄）電影，是根據美國銷售之神——比爾波特（Bill Porter）真實人生所改編的一部銷售勵志片，贏得 2003 年艾美獎 6 項大獎。故事的主角——比爾波特是一位殘障人士，他患有先天性腦癱殘障，但比爾並不甘心成為一個失敗者，他希望透過自己的努力，在生命中獲得成功。從 1955 年起，他開始嘗試做一名上門推銷員，儘管處處吃閉門羹，並且經常遭到「正常人」的白眼。但他並不氣餒，永不放棄地繼續著自己的事業，並努力克服語言和行動障礙，即使工作的路途如此艱難，他也從不畏懼，在跌倒之後，仍爬起來繼續奮鬥，一路上的艱辛也終於得以克服，奇蹟似地獲得了成功，成為美國有名的銷售之神。

一開始當他去應徵業務工作，被拒絕時，本想放棄走人，但看到母親在門外期待的眼神，他便轉回去跟主管說：「給我最

糟糕的銷售路線，把沒有人要去銷售的地方給我，您會有什麼損失呢？如果我能賣掉產品，您就是英雄！」你看，他果然是天生的超業，真會說話！**人在走投無路的時候，不是破產，就是破紀錄**——最終，他被錄取了。

一開始，他遭遇到無數次拒絕，甚至當有人要救濟施捨他時，讓他覺得很沮喪，連忙奪門而出。但是當他吃著母親為他做的午餐時，只見三明治的一邊用蕃茄醬寫著「Patience」（要有耐心！），另一邊則寫著「Persistence」（要堅持下去！）

那一刻他笑了，豁然開朗，繼續他挨家挨戶的銷售之路，進而成為銷售之神。

母親是比爾的精神支柱和心靈導師，她說：「**人們需要更長的時間來適應你，耐心點，並且要堅持不懈！**」比爾波特成功的關鍵，在於他：總是**樂觀正念，努力奮鬥，堅持到底。幽默風趣，愛說笑話，待人親切有溫度，充份展現親和力，說動客戶並打開客戶的心門**，他總是**真心誠意地想幫客戶解決問題**，克服身體上的障礙，他成為客戶眼中最好的業務員，甚至是心靈導師。比爾說：「**永遠要看到機會的那一面，夢想沒有實現之前，絕不能放棄。**」

2009 年上映的電影：「敲開幸福的門（Door To Door）」，是一部向比爾波特致敬的日本片。

倉澤英雄跟母親相依為命，雖然天生腦性麻痺，仍然想跟大家一樣出去工作，自食其力。但現實的殘酷讓他處處碰壁，推銷員之路困難重重，遙不可及。在母親的鼓勵下，他堅持到底，永不放棄，不斷地嘗試敲開幸福之門！

倉澤英雄個性開朗樂觀，凡事全力以赴。因為父親早逝，

由母親含辛茹苦將他撫養成人。自學校畢業後，英雄一心想進入社會工作，希望減輕母親負擔，自立自強。但在不景氣之下，英雄遲遲找不到工作。好不容易有一家推銷淨水器公司的老闆，勉為其難錄用了他。懷抱著熱情和理想，帶著自信和笑容，英雄挨家挨戶地拜訪，即使吃了許多閉門羹，也從不氣餒。漸漸地，客戶被英雄熱心與真誠的態度感動，總算有人願意向他購買淨水器，跨出銷售成功的第一步……

這部勵志的日本片要教我們的是：

1.**「英雄總是永遠微笑！」**——超業也是如此！

2.**「不論做什麼工作，能留下來的人只有一種……那就是能堅持到最後的人！」**

與所有超業共勉——

《註 1》MDRT（保險百萬圓桌協會）：

「MDRT」（Million Dollar Round Table）係一國際性獨立協會，包含來自六十八個國家、五百二十三家人壽保險公司的七萬兩千多位會員，均為世界一流的人壽保險和理財服務專業人士。

MDRT 會員資格是一項深受珍視的事業里程碑。它代表著成就且會帶來應得的認可。對許多人來說，MDRT 打開了通往知識、激勵、專業精神之新世界大門。

《註 2》MDRT 追求的「全人精神」有七個面向：

包括：家庭、健康、教育、事業、服務、財務、精神。

「全人生活」終其一生都在於追求平衡而調和的全面生活。

（摘錄自：臺北 MDRT 官網）

📌 結語

英國大文豪狄更斯（Dickens）在以法國大革命為背景所著作的歷史小說——世界文學經典名著《雙城記》（A Tale of Two Cities）書中，有一段超越時代，耐人尋味的好文：

"It was the best of times, it was the worst of times;

這是最好的時代，也是最壞的時代；

it was the age of wisdom, it was the age of foolishness;

這是智慧的時代，也是愚蠢的時代；

it was the epoch of belief, it was the epoch of incredulity;

這是篤信的時代，也是懷疑的時代；

it was the season of light, it was the season of darkness;

這是光明的季節，也是黑暗的季節；

it was the spring of hope, it was the winter of despair;

這是希望的春天，也是絕望的冬天；

we had everything before us, we had nothing before us;

我們什麼都有，也什麼都沒有；

we were all going direct to Heaven, we were all going direct the other way."

我們正走向天堂，也正走向地獄。

人生遇到十字路口，你是向左走？向右走？還是站在原地不動？

人生遭逢逆境挑戰，你會往好處想？往壞處想？還是什麼都不想？

談判溝通，服務銷售都一樣——「正向思考，一切美好！」

最後，要送上我在每堂課結束時，都會跟學員們分享我的人生座右銘：**「珍惜相聚時，難得有緣人！」**

銷售時，想一想：

◎我是不是一個：經常微笑，有親和感的人？

◎我能不能總是：將心比心地表現出同理心？

◎我會不會提出：讓客戶確切地省思，覺醒，而且有感覺的好問題？

◎我能夠盡快且精準地：發現客戶的真實需求，或需求背後的需求嗎？

◎我的產品或服務，能夠貼切有效地滿足客戶的需求，解決客戶的問題，或為他創造極大的價值嗎？

◎我是一個富有想像力，總讓客戶感到新奇有趣或驚喜的「創意銷售專家」嗎？

◎我能否自然流暢，不著痕跡地說出一個觸動人心，打中痛點或買點，讓客戶嘖嘖稱奇，感動不已，欣然接受產品和服務的好故事？

如果打開客戶心門的八把鑰匙你都用了，但客戶還是不買單，心門還是不打開，要欣然接受，因為「難得有緣人」。

客戶不是不買，可能只是我們努力不足，緣份不夠，時候未到。日本「經營之聖」稻盛和夫說過：「喜歡自己的工作，就能忍受任何艱苦；只要努力不懈，任何事情都能成功。」不試試，不堅持，怎麼知道你行不行？能不能成為超業？

我兒子辰辰今年五歲，最近在學習圍棋，每天都找我練功！任何比賽，都有輸有贏，輸贏不是重點，每次結束，我都要他唸三遍：「勝不驕，敗不餒！」

　　銷售不也是如此？笑看業績高低，但要堅持到底。要提高成交率，超越自己，邁向巔峰，成為名符其實的超業，你必須：**「苦練苦練再苦練！堅持堅持再堅持！進步進步再進步！」**這也是我跟兒子共勉的座右銘，終身受用，與你分享！

　　這本「超業筆記」即將接近尾聲，要收筆了！

　　親愛的超業＆準超業讀者，沈澱思緒，問問自己：

　　你有多想改變現在的生活，讓自己和家人更幸福？

　　你有多想幫助你的客戶，改變他們現在的生活，讓他們和家人更幸福？

　　我們不是來銷售產品和服務，而是來分享幸福，圓滿，愛與關懷，為客戶和他們的家人，規劃更美好的人生，創造更幸福的未來，對嗎？

　　「向著陽光走，希望永遠在！」：現在的狀況是過去所導致——展望未來，充滿希望！珍惜感恩，讓自己擁有最好的每一個今天——因為我盡力，所以我值得，我是最棒的！**「真正的幸福，是對現在充滿感激；真正的快樂，是對未來沒有恐懼！」**

　　「鄭立德的超業筆記：銷售力，就是你的免疫力」——感謝閱讀，與你共勉，期待再相見！

超業筆記：銷售力，就是你的免疫力
——鄭立德的銷售八講

作　者／鄭立德

美術編輯／了凡製書坊
責任編輯／twohorses
企畫選書人／賈俊國

總 編 輯／賈俊國
副總編輯／蘇士尹
編　　輯／高懿萩
行銷企畫／張莉滎‧蕭羽猜‧黃欣

發 行 人／何飛鵬
法律顧問／元禾法律事務所王子文律師
出　　版／布克文化出版事業部
　　　　　台北市中山區民生東路二段 141 號 8 樓
　　　　　電話：(02)2500-7008　傳真：(02)2502-7676
　　　　　Email：sbooker.service@cite.com.tw
發　　行／英屬蓋曼群島商家庭傳媒股份有限公司城邦分公司
　　　　　台北市中山區民生東路二段 141 號 2 樓
　　　　　書蟲客服服務專線：(02)2500-7718；2500-7719
　　　　　24 小時傳真專線：(02)2500-1990；2500-1991
　　　　　劃撥帳號：19863813；戶名：書蟲股份有限公司
　　　　　讀者服務信箱：service@readingclub.com.tw
香港發行所／城邦（香港）出版集團有限公司
　　　　　香港灣仔駱克道 193 號東超商業中心 1 樓
　　　　　電話：+852-2508-6231　　傳真：+852-2578-9337
　　　　　Email：hkcite@biznetvigator.com
馬新發行所／城邦（馬新）出版集團 Cité (M) Sdn. Bhd.
　　　　　41, Jalan Radin Anum, Bandar Baru Sri Petaling,
　　　　　57000 Kuala Lumpur, Malaysia
　　　　　電話：+603- 9057-8822　　傳真：+603- 9057-6622
　　　　　Email：cite@cite.com.my
印　　刷／韋懋實業有限公司
初　　版／2021 年 8 月 8 日
定　　價／350 元
ＩＳＢＮ／9789865568948
ＥＩＳＢＮ／9789860796018（EPUB）

城邦讀書花園　布克文化
www.cite.com.tw　www.sbooker.com.tw